岸 博幸

ネット帝国主義と日本の敗北

搾取されるカネと文化

GS 幻冬舎新書 156

まえがき

私は2000年から2年ほど、当時所属していた通産省（現経産省）から内閣官房IT担当室に出向しました。最初のインターネット・バブルが終焉しつつある頃でした。

そこでは、森総理（当時）の下に創設されたIT戦略本部で、日本でのブロードバンド整備のきっかけとなった〝eジャパン戦略〟の原案作成などに従事しました。当時は、バブルに影響されていたこともあり、ブロードバンド・インターネットを普及させれば経済は活性化して生活は便利になり、ひいては日本のためになると信じ込んでいました。

2006年に竹中平蔵氏が総務大臣に就任したとき、その政務秘書官として〝通信・放送の在り方懇談会〟を主導し、通信・放送の融合法制やNTT再々編、NHK改革などを仕掛けたときも同じ気持ちでした。

折しも時は第2次インターネット・バブルの真っ最中。インターネットを通じて提供されるサービスがいよいよ便利になり、〝ウェブ2・0〟などの流行り言葉を使ってインターネットが切り開くバラ色の未来が語られていました。

このように、二度のインターネット・バブルのときに政府でIT関連の仕事に携わったのですが、小泉政権の終焉とともに役所を辞して大学に移り、民間人としてコンテンツ産業やマスメディアの方々と一緒に仕事をさせていただくうちに、何かが違うと感じるようになりました。

その疑問が決定的になったのは、米国のインターネット専門誌〝ワイアード〟の編集人であるクリス・アンダーセンが出版した『フリー』という本を読んだときです（日本でも2009年秋に翻訳が出版されています）。

インターネット上のサービスの多くが無料で利用できます。違法コピーの氾濫により、有料のコンテンツでも無料で入手できます。インターネット上では〝無料〟が当たり前になり、それでネット企業も収益をあげています。ユーザにとってもネット企業にとっても万々歳です。

でも、その一方で、新聞やテレビなどのマスメディアや、音楽やアニメなどのコンテンツ産業の収益は年々大幅に悪化しています。すべての人が〝無料〟のメリットを得ることは出来ず、誰かがその対価を払わなくてはいけないのですが、マスメディアやコンテンツ産業が一方的に負担しているのです。

インターネットの専門家などは、それは時代遅れになった産業の崩壊であり、当然のことと見なしています。マスメディアの崩壊を喧伝する評論家もいます。マスメディアやコンテンツ産業の側がインターネット上の問題の是正を訴えると、〝既得権益を維持しようとしている〟と抵抗勢力扱いされ、インターネットの自由、ユーザの自由が主張されます。

また、インターネット上のサービスの多くは米国のネット企業によって提供されています。これがリアルの世界なら〝米国支配〟と大騒ぎになってもおかしくないのに、多くの人は、便利なサービスを無料で提供してくれるのだからいいじゃないかと思っています。

確かに、ユーザにとって今のインターネットは本当に便利です。ネット企業も収益がどんどん増えるし、関係者は皆快適なはずです。でも、それは個々が主体になっているミクロのレベルからの判断です。もちろんそれはそれで正しい判断なのですが、国益や国策という観点、マクロ的な視点からは、光景は若干異なってくるのも事実です。

例えば、マスメディアの崩壊によりジャーナリズムが衰退して、本当に良いのでしょうか。コンテンツ産業の崩壊により文化が衰退して、本当に良いのでしょうか。インターネット上のサービスが米国企業に席巻されて、本当に大丈夫でしょうか。

ネットの専門家や評論家は、インターネットがあれば大丈夫、市民の力で解決できるので大丈夫、と言うでしょう。それはそれで一つの考え方なのですが、インターネットが社会にとって当たり前になった今こそ、ミクロの観点からインターネットを賞賛するばかりでなく、マクロの観点、国益の観点からインターネットの現状を批判的に考えてみることも必要ではないでしょうか。それは言い換えれば、政策の観点ということになります。そうした観点抜きには、インターネットと社会の未来も描けないのではないでしょうか。

そうした問題意識から本書は、技術には詳しくないけれど日々インターネットを使っている普通のユーザの方を主な対象に、普段インターネットを使っているときには絶対に意識しないであろう観点から、敢えて批判的にインターネットと社会や国家の関わりを解説しています。それはある意味で、私が官僚だった時代にインターネット・バブルに乗せられて政策を立案していたことへの個人的な反省でもあります。

なお、本書では結論としてマスメディアやコンテンツ産業の再生が不可欠と主張していますが、それらの産業の保護、〝既得権益の維持〟と批判されるような古いビジネスモデルの継続を主張しているのではないことを、予めお断りしておきます。むしろ、古いビジネスモデルに拘泥するマスメディアやコンテンツ企業は早く淘汰されて、市場から退出すべきです。

また、本書はネットやメディアの世界に詳しくない方を対象にしているため、説明が複雑にならないよう、マスメディアやコンテンツ産業に関する解説では、敢えて独立系のコンテンツ制作会社の存在を捨象して、大手の企業を中心に据えましたことも、予めお断りしておきます。

そして、インターネット先進国である米国のみならず、自国の文化や伝統を重視する欧州でも、米国ネット企業への反動が起きていますので、インターネットと社会や国家の関わりを考えるきっかけになるよう、本書ではそうした動きを極力ふんだんに盛り込みました。

本書をきっかけに、一人でも多くの方にインターネットと社会がどう共生していくかを考えていただければ、これほど嬉しいことはありません。

ネット帝国主義と日本の敗北／目次

第1章　ネット上で進む一人勝ち

第1節　ネットがもたらしたプラスとマイナス

ネットが本格的に普及したのはこの5年

今やインターネット（以後本書では「ネット」と略します）は社会のあらゆる局面で不可欠な存在となりました。誰もが当たり前のように生活やビジネスなどでネットを活用していますし、ネットによって世の中は格段に便利になりました。

世界中の最新情報をリアルタイムで知ることができますし、友達といつでも繋がっていられます。本はネットで注文すれば翌日には届きます。企業などの組織でも、情報コストが格段に安くなり、生産性も向上しました。

しかし、実はここまでネットが普及して当たり前の存在になったのはこの5年くらいのことです。読者の皆さんも〝ウェブ2・0〟という言葉を聞いたことがあると思います。今や死語となったこの言葉が大流行した2005年以降、光ファイバー網などのブロードバンド・インフラの普及も相俟って、ネットが急速に進化しました。SNS（ソーシャル・ネットワーキング・サービス）などの様々な新しいサービスが生まれ、コンテンツは動画が当たり前になりました。

〝情報革命〟という言葉が使われることもありますが、まさにネットは産業革命に匹敵するインパクトを社会にもたらしつつあると言っても過言ではないのです。

でも、ネットの専門家の人たちが、ネットの可能性を声高に叫ぶ本や記事を一生懸命出すのを見て、ちょっと眉唾だなあと思うことはありませんでしょうか？　確かにネット上では便利なサービスがどんどん出てきますが、ネットの専門家の人たちが喧伝するように、本当に良い面ばかりなのでしょうか。

私はそう思いません。確かにユーザの立場からすれば、良いことばかりが起きているかもしれません。でも、所詮ネットは社会にとって目的ではなく手段に過ぎません。社会のシステム全体として見た場合、手段であるネットが急速に普及したことで、かえって様々な軋轢《あつれき》や問題が生じていることも事実なのです。

最近はグーグル・ブック検索を巡る騒ぎでその一端が露呈されましたが、でも、基本的にはそういう社会とネットとの軋轢、ネットが引き起こしている負の部分については、マスメディアではほとんど報じられません。

ネット・メディアではネット寄りの報道ばかりですし、そこに登場する人もネット擁護派の人ばかりです。そこでは、例えばネットの自由を拒否する産業や制度は抵抗勢力扱い、既得権益扱いされますし、ネット上で違法ダウンロードがひどいといった問題は黙殺されます。

つまり、ネットが社会にもたらしている負の側面については、あまり世の人が知る機会はないのです。ネットであらゆる情報を知ることができるようになるはずだったのに、すごい矛盾です。

英国の産業革命は1760年代から1830年代までの長期にわたっているのですが、その間には資本家と労働者階級の対立など様々な社会的な軋轢が生じ、それらを解決する中で新しい技術が社会に定着していきました。

今、ネットは当たり前という環境ができていますが、既に産業革命のときと同じように、ネットが様々な社会的問題を引き起こし始めています。ネット・メディアがいつもそうするようにそれらを抵抗勢力や既得権益と扱うだけでは、ネットは本当の意味では社会に定着し得ないのではないでしょうか。

実際、ネットが引き起こしている二つの社会的問題はかなり深刻です。一つは、民主主義を支えるインフラであるジャーナリズムと社会の価値観を形成する文化が衰退しつつあることです。もう一つは、ネット上での米国による世界制覇です。

ジャーナリズムの衰退

ネットの普及に伴い、紙媒体である新聞／雑誌は大きな影響を受けています。購読者数や広告収入の大規模かつ継続的な減少が起きているのです。若い世代を中心に、紙というオールド・メディアよりもネットで情報を入手することが当たり前になったからです。

そうした中、ウェブ2・0がブームだった頃に世界中の新聞社や雑誌社は、紙からネットに逃げる〝目〟（読者）と広告を追いかけて、ネット進出を強化しました。自社のサイトで記事を無料で公開し、そこに広告を掲載してネット上でも広告収入を獲得し、減少する紙の広告収入を補おうとしたのです。

その結果はどうだったでしょうか。後で詳しく説明しますが、新聞社や雑誌社はネットからは大した広告収入を得ることができませんでした。ネットの広告収入は紙の広告収入と比べて全然少なく（米国で10分の1程度）、紙の広告収入減を補うレベルではありませんでした。

その結果、紙の収益が更に悪化の一途を辿り、ネットでも大した収益をあげられない中で、世界中で新聞社や雑誌社の倒産や休刊が相次いでいます。

米国では2007年以降、デンバーのロッキー・マウンテン・ニュースやボルチモアのボルチモア・エグザミナーなど、地方都市の主要な新聞社が11社も倒産しました。2009年だけでも、デトロイトの主要な二つの新聞購読者への配達が週3日になり、シアトルでは主要紙2紙のうちの一つが紙の発行を停止してウェブサイトのみで記事を提供するようになり、シアトルの新聞は1紙だけになりました。

日本でも、今年から地方紙の倒産が現実のものとなると噂されていますが、ネットの普及に伴って、世界中で新聞社がかつてない苦境に立たされているのです。

新聞はこれまで長い間、民主主義を支えるインフラであるジャーナリズムを担ってきました。その新聞社が経営危機に陥り、新聞がどんどんなくなっていくと、ジャーナリズムの衰退という、社会や民主主義にとって由々しき事態に陥りかねません。そして、それは世界中で着実に進行しつつあるのです。

文化の衰退

一方で、ネット上では凄まじい数の違法ダウンロードが氾濫しています。例えば、米国のネット上を流通する音楽ファイルの中で正規ダウンロード（対価が支払われたもの）は平均して20曲中1曲だけです。つまり、米国ではネットを流通する音楽の95％は違法ダウンロードなのです。

音楽ほどひどくないにしても、映画などの映像コンテンツについても同様の事態が起きています。ユーザが勝手に（著作権者などの許諾なしに）ユーチューブなどへテレビ番組などを投稿して騒ぎになったのが、その典型です。

こうした違法ダウンロードやその他幾つかの要因により、今やユーザにとってコンテンツの価値はほとんどタダとなってしまいました。ネット上で探せば最新のヒット曲でも無料でダウンロードできるのだから、それも当然です。

その結果、音楽や映画などのコンテンツ産業は大きな影響を受けています。例えば、音楽産業のメインビジネスであるCDの市場規模は、ネットが本格的に普及し始めた1998年をピークに減少の一途を辿り、僅か10年で半減してしまいました。その一方で音楽配信や映像ソフトなどの新しい市場が成長しましたが、それらを合計しても、10年で音楽市場は25％も減少したのです。

でも、10年で人々が接する音楽の量が4分の3に減少したとは思えません。良い作品を作ってもユーザがお金を払わなくなったのです。アーティストやコンテンツ制作は、頑張っても報われない商売になってしまいました。

もちろん、ネットやユーザだけが悪いのではありません。ネットの出現という大きな環境変化に直面してもビジネスモデルを進化させようとしないアーティストやコンテンツ企業が多いことにも、原因があります。

しかし、コンテンツは文化を作り出しています。従って、アーティストが生活できない、コンテンツ企業が儲からないという状況を放置すると、文化が衰退することになりますし、現にそれは進行しつつあるのです。

ネットは手段に過ぎない

このように、ネットは世の中を便利にする一方で、結果的に新聞などのマスメディアや音楽などのコンテンツ産業を苦境に追い込むことにより、多くの人が気づかないうちに、ジャーナリズムと文化という社会にとって大事なインフラを衰退させつつあるのです。

今は産業革命に匹敵するインパクトを持つ情報革命が進行する過渡期であり、世の中の仕組みは技術の進歩に遅れて変化することを考えると、ある程度の混乱はやむを得ません。

しかし、技術が進歩して世の中が変わっても、社会のために維持すべきものは存在します。ジャーナリズムや文化は、社会のインフラとして時代が変わっても必要ではないでしょうか。

だから、ネットによって社会が大きく変わる中でジャーナリズムや文化をどう維持していくべきかという議論が必要なのですが、ネット専門家の人たちが述べる意見は当然ながらネットの可能性ばかりにフォーカスし、社会全体には言及しません。〝ネットが解決する〟〝ネットやユーザの自由を尊重すべき〟といった論調ばかりです。しかし、素人による市民ジャーナリズムや、デジタルとネットですべての人がクリエイターになれるというだけでは、ジャーナリズムや文化は救われません。〝新聞・テレビが消滅する〟とセンセーショナルに煽るだけでは、問題は解決しないのです。

一方で、ジャーナリズムや文化の専門家は、ともするとネットを敵視する主張ばかりを展開し、ネットが当たり前になった社会でジャーナリズムや文化をどう維持していくかといった前向きな議論をしようとしません。

このように、ネットに関する議論になると、どうも論点の噛み合わない主張ばかりが世間を賑わしています。

しかし、ネットは手段に過ぎません。ネットを目的化した議論や、ネットが古い秩序を破壊することだけを喧伝してその後の姿を示さないような議論は無意味です。社会のシステムの一部分に過ぎないからこそ、ネットの現実はどうなっているのか、それを取り込む側である社会のシステムはどう変わっていくべきなのかを冷静に考えることが必要ではないでしょうか。

ネット上は米国支配の世界

ネットがもたらしたもう一つの悪影響は、米国ネット企業の帝国主義的とも言えるグローバル展開により、ネット上では誰もが米国に依存してしまっているということです。

皆さんも自分の行動を振り返ってみてください。使っているパソコンのプロセッサーやOS（基本ソフト）はほとんどすべて米国製のはずです。ネットにアクセスしたら、最初に使う検索サイトもヤフーやグーグルなどの米国製が大半ではないでしょうか。また、多くの方がネットで書籍などを購入する際に使うアマゾン、ネット上の百科事典ウィキペディアや大人気のSNSツイッターも、すべて米国製です。

このように、気がつくと、ネット関連でよく使うサービスの大半は米国製になっています。リアルの世界で使うモノやサービスがほぼすべて米国製なんてあり得ないことですが、ネット上ではそれが現実に起きているのです。そして面白いのは、それに疑問を呈する人がほとんどいないということです。

例えば、小泉政権時代に私が仕えた竹中平蔵大臣が不良債権処理や郵政民営化を進めているとき、多くの人がそれらを〝米国の陰謀〟と批判し、竹中大臣のことを〝米国の手先〟〝米国原理主義者〟と罵りました。しかし、それらの人達も間違いなく、パソコンでネットを利用するときは米国製のものを使っているはずです。国粋主義者でも何の疑問も持たずに米国製を使ってしまうのがネットという空間なのです。

私はかつて留学と国際機関勤務で米国に5年滞在しましたので、米国好きの部類に入ると思います。それでも、やはり今のネットを巡る米国支配という状況は、好ましくないし健全でもないと思います。

どこの国に行っても、例えば鉄道などの交通機関は基本的にその国の企業が運営しています。電気やガス、水道でも、運営を外国企業に任せる場合もありますが、インフラ自体はその国の企業が持っています。放送についても同様で、多くのチャンネルはその国の放送局が持っています。

それは、ライフラインや基幹インフラなど国体維持に必要なサービスは自国企業が提供するのが望ましい、という判断があるからです。だからこそ、国益に関わるような業種については法律で外資規制を行っている国が多いのです。リアルの世界ではそれが当たり前なのに、なぜかネット上では米国支配が当たり前となってしまっているのです。

こう書くと、「ネットは国境がない世界だから当たり前」と思われる方もいらっしゃると思います。

しかし、ネット上でやり取りされるのは情報です。米国では「情報はカネに直結する」と言う人もいるくらい、情報をやり取りするインフラは、交通や電気などと同様に国益に直結します。そして、情報のインフラには、光ファイバーなどの物理的な通信網のみならず、ユーザの皆さんが日々利用するサービスも含めて考えるべきなのです。

グーグル・ブック検索（第4章で詳しくふれます）を巡る騒ぎなども、ネット上を米国が支配することの問題点を端的に示していると思います。ネットは国境がない世界、グローバル・スタンダードな世界と言われますが、実態としては米国支配の世界になっているのです。

〝流通独占〟と〝無料〟

本書では、これらの二つの悪影響（文化とジャーナリズムの衰退、米国による世界支配）の実態を説明していきますが、そもそもそれらの悪影響が生じた根本的な原因は何でしょうか。キーワードは〝流通独占〟と〝無料〟になるのではないかと思います。

マスメディア（テレビ、新聞、雑誌など）やコンテンツ（映画、音楽など）の世界では、基本的にコンテンツの制作から流通に至るまでのすべてを自分で行うという、垂直統合型のビジネスが行われています。例えば、テレビ局は自分で（または関連会社が）番組を制作してから電波に乗せてユーザのテレビに送るまでのすべてを行っています。媒体毎に縦割りの構造の中で、それぞれの媒体で少数の企業が情報／コンテンツの流通を独占していたのです。

ところが、ネットという情報／コンテンツの流通経路の上では、その構造が大きく異なります。ネット上では、誰が制作したかに拘わらずあらゆる情報／コンテンツを同じように流通させられるので、媒体毎の流通の縦割り構造が崩れ、横割りの巨大な流通部門ができたのです（図1参照）。そこでは、検索サイトや動画サイトなどのネット企業が、流通の担い手として強くなりました。

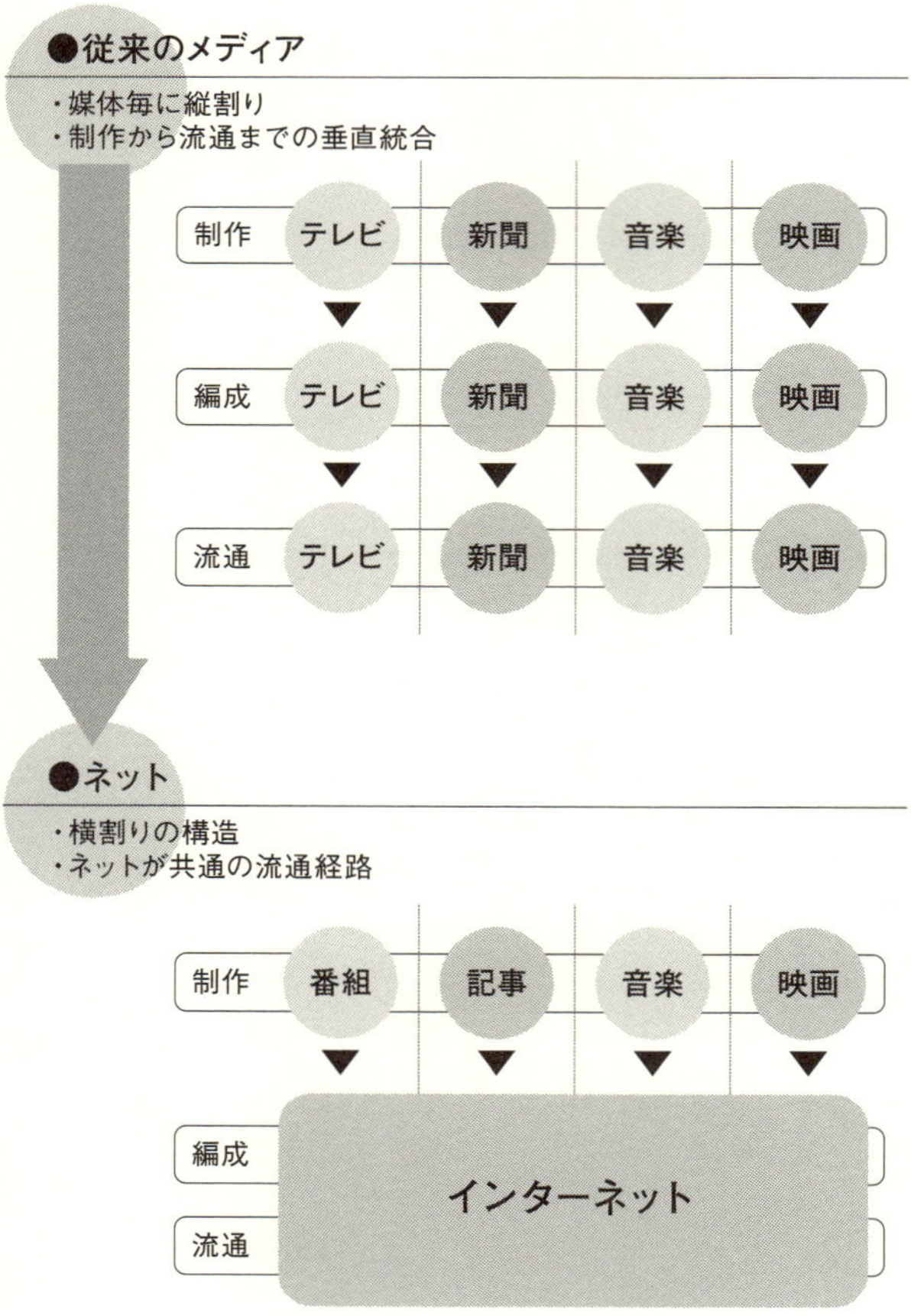

図1　ネットの出現と流通構造の変化

マスメディアやコンテンツ企業の側から見ると、従来独占してきた流通をネット企業に取られてしまったのです。大手スーパーストアとそこに商品を納入する会社の関係を考えればお分かりいただけるように、大規模な流通を支配した方が力関係は強いので、マスメディアやコンテンツ企業の収益は当然悪化します。

それに加えて、ネット上に〝無料〟が氾濫しました。ネット上のビジネスモデルの主流は〝無料モデル（Free Model）〟です。サービスやコンテンツは無料でユーザに提供され、その対価はウェブサイト上に広告を掲載することで広告料収入という形で回収されます。

皆さんも検索サイトで情報を検索して、新聞社のサイトで新聞記事を読み、動画投稿サイトで動画を見て、専門サイトやブログなどから趣味や関心に合った情報を得ていると思います。それらのサービスのほぼすべてが無料ですが、それこそが無料モデルなのです。

無料モデル自体には罪はないのですが、ネット上での情報／コンテンツの流通が基本的に無料モデルとなったことに加え、デジタル環境ではコンテンツのコピーが容易なため、ネット上に違法なものも含め無料コンテンツが氾濫し、〝無料〟が蔓延しました。

その結果、ユーザにとって〝サービスやコンテンツは無料で当たり前〟となりましたが、無料の対価はネット広告市場の特性によってネット企業に一極集中しています。マスメディアやコンテンツ企業は、ネット上では十分な広告収入も得られず、コンテンツを手軽に無料でコピー／ダウンロードされてしまうため、収益が急速に減少してコンテンツの制作に十分な資金を回せなくなり、それがジャーナリズムや文化に影響を与えているのです。

かつ、無料モデルの下では、サイトを訪れるユーザ数の最大化が不可欠になります。収益を最大化する観点からは、訪問者数が多ければ多いほど、広告を出す場としてのサイトの価値が高まるからです。ネット・サービスの市場には参入障壁も存在しませんので、ネット上でのライバル企業との競争に勝つためにも、市場シェアを少しでも高くすることが不可欠なのです。

そのため、技術力や資金力で優位な米国シリコンバレーのネット企業は、ネット上には国境が存在しないという建前の下、競争に勝つために市場を極限まで拡大すべく世界展開を強化しました。その結果、ネット上での米国による世界支配という構造が生まれたのです。

ネットとリアルは違う世界

このように、無料と流通構造が二つの社会的問題を引き起こしているのですが、それを助長する要因も存在します。それは、ネットはリアルとは常識が違う世界であるということです。

例えば、音楽の違法ダウンロードは端的に言えば万引き、泥棒です。それにも拘わらず、日本では中高生が何の躊躇もなくどんどんやっています。でも、彼らだってお店でCDを万引きすることはしません。リアルの世界で万引きすれば補導されると分かっているからですが、リアルとネットでは常識が違うという端的な例ではないでしょうか。

同様に、もしリアルの世界で身の回りのモノやサービスが米国製ばかりになったら、国粋主義者や評論家の人たちは大騒ぎするでしょう。食料は国の安全保障に関わるから、食料自給率を上げるべきと言われています。情報は国の安全保障や企業の機密に関わるので、食料と同じくらい重要かもしれません。その多くを米国製に依存しているのに問題視する人が少ないのは、ネットはリアルと常識が違うからとしか思えません。

もちろん、そうした問題は、ネットが社会に浸透していく過渡期であるからこそ生じているのだと思います。遠くない将来には、ネットとリアルの常識はかなり一致しているのではないでしょうか。

問題は、ネットとリアルの常識が異なるという過渡期の混乱の最中に、グーグルなどのネット企業によるシェア拡大や収益増大を目指した帝国主義的な行動が展開されていることです。もちろん、そうした行動は収益最大化を目指す企業の行動としては正しいのですが、その結果として、既に述べたような二つの社会的な問題が生じているのです。

もう一つ問題があります。ネットやユーザの自由ばかりを叫ぶネット専門家の人たちや、米国ネット企業のサービスに乗っかって儲けようとする人たちの存在です。ネット関係の報道や議論では必ずそういう人たちの意見が取り上げられるため、結果的に二つの問題点が見えなくなってしまっています。

そうした問題意識に基づき、本書ではネットが社会にもたらしている問題について分かりやすく説明しようと思っています。そのためにも、本章の残りでは、まずネット関係の基礎知識を極力簡単に説明しておきます。

第2節　ネット・バブルの歴史

第1次ネット・バブル

〝流通独占〟と〝無料〟がネット企業によるコンテンツの搾取と世界市場への帝国主義的

展開の原動力となっていることを理解していただくためにも、まず過去2度のITブームであるネット・バブル（ITバブル、ドットコム・バブル）の歴史を簡単に振り返りたいと思います。

最初のITブームである第1次ネット・バブルは、1995年から2000年にかけて発生しました。この第1次ネット・バブルの発端は、1993年に当時のアル・ゴア副大統領が〝情報スーパーハイウェイ構想〟をぶち上げたことに遡ります。

それからネットが世間の注目を浴びる中、まずサンマイクロシステム、オラクル、シスコといった有名企業の株式上場が続きましたが、1998年頃からは、いわゆるドットコム企業（ネット上でサービスを提供する企業）の株式上場が激増しました。市場シェアの獲得が最優先であり、起業からずっと赤字でも市場シェアを獲得後に利益をあげる事業計画になっていれば、ベンチャーキャピタルから簡単に資金が調達でき、株式上場もできたのです。eコマースの雄であるアマゾンも当時はそうした企業の一つでした。

第1次ネット・バブルでは、ネット上でのサービス提供の中心はポータル・サイト（ネットの入り口となり、様々なコンテンツを集めたサイト）でした。有力なポータル・サイトとしては、ヤフー、AOL、MSN、インフォシーク、エキサイトなどがありました。

ネット接続も速度が遅い電話回線経由のダイヤルアップ接続でしたので、コンテンツもテキストなど軽いデータが中心で、更新も頻繁には行われませんでした。

そうした中で、それらポータル・サイトのビジネスモデルは、サイトの集客力数をできる限り増やして広告媒体としての価値を高め、広告収入を最大化するというものでした。無料モデルの始まりだったのです。

ちなみに、第1次ネット・バブルでの最大の出来事は、2000年1月のAOLによるタイムワーナー（ハリウッドのメディア・コングロマリット）の買収でした。しかし、買収直後にバブルが崩壊してAOLはタイムワーナーのお荷物となり、昨年末に合併を解消しました。

第2次ネット・バブル

さて、第1次ネット・バブルが崩壊した後、シリコンバレーも暫くは不況に喘いでいたのですが、2004年から新たなITブームが沸き起こりました。それが第2次ネット・バブルで、同年のグーグルの株式上場とウェブ2・0という言葉の大流行とともに一気に盛り上がり、2008年秋のリーマン・ショックに端を発した経済危機で終焉するまで続きました。

第2次ネット・バブルの時期に、ネット関連の技術が格段に進歩しました。ネット接続は電話回線経由のダイヤルアップからブロードバンド経由の常時接続へと進化し、サーバのコストも大幅に下がりました。ネット上のサービスも様々な面で高度化し、コンテンツはテキスト中心から動画中心となり、ネット上で提供されるコンテンツの量も激増しました。ブログやSNSなどの誰でも情報発信できる環境も整いました。第1次ネット・バブルの頃とは比べ物にならないくらいに、ネットは便利になったのです。

また、技術進歩によるコストダウンの結果、ネット・ビジネスへの新規参入も第1次バブルの頃に比べて格段に容易になり、動画サイト、SNS、ヴァーチャル・ワールドなどの新分野にたくさんのスタートアップ企業が参入しました。収益が赤字でもベンチャー資金が容易に集まった点だけは、第1次バブルの頃と同じでした。

そして、この頃になると、ユーザのマスメディアからネットへのシフトが顕著となり、情報/コンテンツの流通経路としてのネットの優位性も揺るぎないものになりました。このため、同様に企業の広告費もマスメディアからネットへと急速にシフトし始めました。〝ネットにシフトする目の数と広告を追いかけて〟マスメディアのネット進出が盛んになったのです。米国では、テレビ局は人気番組をどんどんネット上でも提供し、新聞社などは紙媒体の記事のみならず動画コンテンツも提供するようになりました。

このように第2次ネット・バブルでは、たくさんのネット・ベンチャーの起業に加え、マスメディアの本格的なネット進出が始まりましたが、それらの大半が、ビジネスモデルとしては第1次バブルの頃の延長で無料モデルを採用しました。

このように、第1次バブルで始まった無料モデルは、第2次バブルを経てネット・ビジネスのビジネスモデルとして確立されたのです。

それでは、なぜみんなこぞって無料モデルを採用したのでしょうか。個人課金から得られる収入よりもネット広告の方が桁違いに大きいし、企業の広告費もマスメディアからネットにどんどんシフトすると考えられていたからです。第2次バブルの時代は、米国経済が好景気に沸いていたこともあり、ネット広告市場は急速に拡大しました。

ネット・バブルがもたらしたもの

このように、米国のシリコンバレーでは過去2度にわたりネット・バブルが発生しましたが、それを経てネット上には何が残されたでしょうか。ウェブ2・0の流行以降は本当に便利な様々なサービスが出現しましたが、それ以上に重要なのは、無料モデルというビジネスモデルの下での情報／コンテンツの流通の独占です。

無料の世界でのネット企業間の競争は熾烈なものにならざるを得ません。ユーザ数の最大化が至上命題となりますので、提供するサービスやコンテンツの充実はもちろん、市場もグローバル・レベルで拡大させることが必要になります。そうした要請が、ネット企業を搾取と帝国主義的行動に走らせたのです。

無料のネット・ビジネスの市場で生き残れる企業の数はそう多くありません。ネットワーク効果が働く市場では自ずと自然独占性が生じますので、ごく少数の企業による寡占性の強い市場にならざるを得ないのです。

実際、第2次バブルが終焉してしばらく経った今になってみると、無料モデルの結果は、世界市場でグーグルの一人勝ちです。ＳＮＳのフェイスブックやツイッター、ｅコマースのアマゾンなど、知名度ではグーグルに迫る企業もたくさん現れましたが、広告収入の面では誰もグーグルにかないません。

ちなみに、米国では第2次バブルの間に多くのマスメディアが無料モデルでネットに進出しましたが、ネット上で十分な広告収入をあげているところはほぼ皆無です。

ここで、英「エコノミスト」誌の2009年3月19日号（第2次バブル崩壊から数ヵ月後）に面白い記事があるので、抜粋・和訳して紹介しましょう。

『〝この数年でユーザにとって、ネット上でニュース、株価、音楽、メール、更には高速ネット・アクセスを無料で享受することは当たり前となった。しかし、最近のネット企業を巡るニュースは、新たな無料のサービスではなく、人員整理の知らせか、新たにユーザ課金を始めるという知らせばかりである。〟この言葉は、2001年4月の本誌の記事に書かれたものであるが、それと同じことが今日また起きている。』

『（二度のネット・バブルを通じて明らかになった現実は）ネット広告収入で生き長らえる企業の数は、多くの人が考えていたよりも全然少なかったということである。』

そして、2度にわたるネット・バブルはもう一つ大きな負の遺産を残しました。情報やコンテンツの価値の大幅な下落です。

特に第2次ネット・バブルの時代、ネット上に提供されるコンテンツの数は激増しました。単なる日記の個人ブログやユーチューブに投稿される動画といった素人コンテンツから、テレビ番組や新聞記事といったプロのコンテンツに至るまで様々です。違法コンテンツの数も激増しました。

そうすると、ユーザの側のコンテンツの選択肢と自由度は大きく広がります。プロのコンテンツが欲しい場合、ネット上で一生懸命探せば、必ず違法な無料コンテンツがどこかにあります。人によっては、プロの作品でなくても素人のコンテンツで十分に満足しているかもしれません。その結果、コンテンツの価値は大幅に下落し、「コンテンツはタダである」という認識がユーザの側に広がったのです。

第3節 ネット上のサービスの構造

四つのレイヤー

さて、次に知っておいていただきたいのは、ネット上のビジネスの基本的な構造です。ネット関係者の間では、ネット上のサービスの構造を3種類に分解して議論することが多いのですが、そこでは〝レイヤー（層）〟という言葉がよく使われます。一番ベーシックなネット接続から順にサービスが地層のように積み重なって提供される姿をイメージして

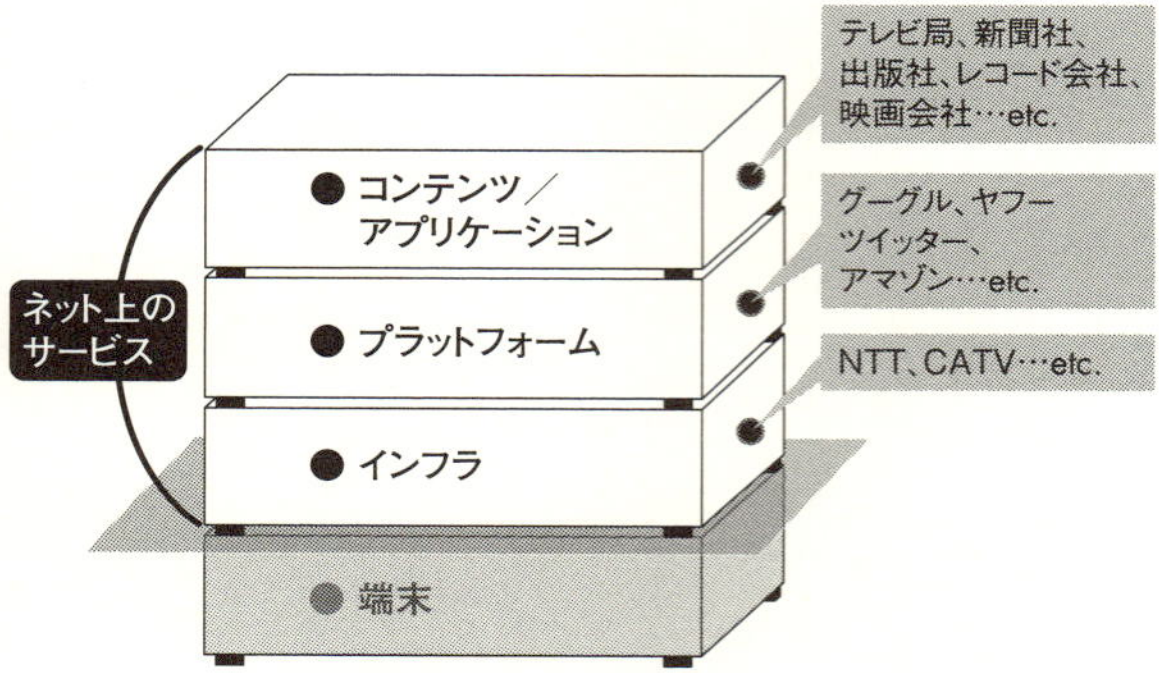

図2　ネットのレイヤー構造

いただければと思います（図2）。

皆さんがネットにアクセスするときは、まず最初にネットへの接続に必要な通信サービスを利用することになりますが、このサービスを担当しているのがインフラ・レイヤーで、最下層に位置しています。このレイヤーには、NTTなどの通信事業者やCATV（ケーブルテレビ）事業者が属していて、光ファイバーなどのブロードバンドや携帯電話網を通じて、ネットへの接続と情報の伝送というサービスを提供しているのです。

そのすぐ上の層はプラットフォーム・レイヤーと呼ばれています。〝プラットフォーム〟という言葉は分かりにくいと思いますが、電車の駅のプラットフォームと同じようなものとイメージしていただければと思います。

駅では、自分が行きたい方向に応じて何番線のプラットフォームから電車に乗るかが決まります。ネット上のプラットフォーム・サービスも基本的にはそれと同じで、ネットという情報の大海で自分が欲しい情報に行き着くために皆さんが必ず使うサービスを指すと考えてください。

皆さんがネット上で必ず使うであろう検索サービスやSNS（ミクシィやツイッターなど）、動画サイト（ユーチューブやニコニコ動画など）は、プラットフォーム・レイヤーが提供するサービスの典型例です。皆さんがネット上で一番お世話になっているサービスが、このレイヤーに属しているのです。

ちなみに、ネット上でのサービス提供に不可欠な著作権管理、課金管理などの補助的なサービスも、このプラットフォーム・レイヤーから提供されています。

そして、一番上の層がコンテンツ・レイヤーと呼ばれています。その名の通り、コンテンツ（情報の中身）をユーザに提供するところであり、テレビ番組や新聞記事などのマスメディアの情報、音楽や映画などのコンテンツはこのレイヤーから提供されています。

まずインフラ・レイヤーのサービスを使ってネットに接続し、次にプラットフォーム・

レイヤーのサービスを使ってネット上で欲しい情報を探して、コンテンツ・レイヤーが提供するコンテンツを楽しむ。一番下の層から順に三つのレイヤーのサービスをすべて受けることで、ネットを活用できるのです。

ちなみに、図2のように、ネット上のサービスで最下層に位置するインフラ・レイヤーの下には端末レイヤーという層が存在します。ここは名前の通り、ネットにアクセスする際に使うパソコンや携帯などの端末を指します。

もっとも儲かっているのはプラットフォーム

これら三つのレイヤーが提供するサービスを重層的に使うことによって、私たちはネットを自由に使いこなしているのですが、インフラ・レイヤーのサービスはあまり儲かるビジネスではありません。

インフラ・レイヤーに属する事業者は、光ファイバー網などのインフラ整備に多額の投資を行っています。しかし、技術進歩に伴って定額でのネットへの常時接続が当たり前となる中で、ネット接続という単純なサービスでは、携帯のパケット定額制のように事業者間の料金下げ競争が激しくなっているからです。

このようにインフラ・レイヤーはあまり儲からないのに対して、プラットフォーム・レイヤーのサービスを提供するネット企業は大きな収益をあげています。

それは、ネット・ビジネスで世間に名前が知られている企業を思い起こせば一目瞭然です。検索ではグーグル、ヤフー、SNSでは米国のフェイスブック、ツイッター、日本のミクシィ、モバゲー、eコマースではアマゾン、楽天といった代表的ネット企業はどれもすべて、プラットフォーム・レイヤーに属しています。これらのプラットフォーム・レイヤーのネット企業が、2度にわたるネット・バブルの主役でした。

これらの企業は、eコマースを除いて基本的には広告収入に収益を依存した〝無料モデル〟をビジネスモデルとして採用しています。それは、広告費のマスメディアからネットへのシフトが急速に進んでいるからです。

例えば英国では、今やネット広告の規模はテレビや新聞よりも大きくなっています。その他の先進国ではそこまでになっていませんが、それでも、どの国でも広告市場におけるネットのシェアは急速に大きくなっています。例えば日本では2007年にネット広告の規模が雑誌広告を上回り、遠からず新聞広告も追い抜くと言われています。

もちろん、経済危機以降は、ユーザ課金からの収入を増やす取り組みも増えています。

SNSやヴァーチャル・ワールドなどにおけるアヴァターやアイテムへの課金が典型例です。しかし、広告収入の方が圧倒的に多いのです。

いずれにしても、第2次ネット・バブル以降、新聞やテレビといったマスメディア、CD販売や映画館といったコンテンツの流通経路よりも、ネットの方がユーザにとって魅力的な情報／コンテンツの流通経路になりました。そのネットの中で、プラットフォーム・レイヤーのネット企業は無料モデルと最新の技術を武器にユーザ数を飛躍的に拡大し、ネット上での情報／コンテンツの流通を独占した結果、巨額の収益をあげているのです。

例えば表1を見てください。これは、米国ウェブサイトでユニーク・ビジター数（重複を排除したユーザ数のこと。同じ人が何度アクセスしてもユニーク・ビジター数は1となる）20位までを並べたものですが、10位までのサイトのうちの九つがプラットフォーム・レイヤーのサイトなのです。

そして、技術力で図抜けている米国のネット企業は、市場シェアの獲得に向けて世界展開を進めました。その結果、今やネット上はプラットフォーム・レイヤーで市場シェアを獲得した少数の米国ネット企業の独壇場となっています。その筆頭がグーグルなのです。

1位	グーグル	164,086
2位	ヤフー	158,251
3位	マイクロソフト	132,618
4位	AOL	98,515
5位	フェイスブック	97,372
6位	Ask Network	88,073
7位	Fox (テレビ)	82,862
8位	アマゾン	69,945
9位	Wikimedia	69,492
10位	eBay	66,987
11位	ターナー (テレビ)	63,558
12位	CBS (テレビ)	59,086
13位	アップル	58,622
14位	Glam Media	56,053
15位	Answers.com	55,974
16位	Demand Media	52,710
17位	バイアコム (テレビ)	51,470
18位	ニューヨーク・タイムズ (新聞)	50,217
19位	クレイグリスト	44,090
20位	ウェザー・チャンネル (テレビ)	41,354

(単位：千)

表1　米国ウェブサイトのユニーク・ビジター数 (2009年10月)

(出典：コムスコア)

コンテンツは儲からない

それでは、コンテンツ・レイヤーはどうでしょうか。ネットが普及し始めた初期の頃は、米国では〝コンテンツが王様である〟（"content is king"）と言われていました。ネット上では付加価値の源泉が上位レイヤーに移行していくので、コンテンツを持つ者が一番儲かると言われたのです。

しかし、今となっては、インフラ・レイヤーの企業と同様に、コンテンツ・レイヤーの企業もネットではあまり儲からないのが実情です。最近は米国でも、〝コンテンツが王様になることはなかった〟（"content has never been king"）と断言されるまでになってしまいました。なぜそうなってしまったのでしょうか。

その理由は、第一に、プラットフォーム・レイヤーのネット企業に情報／コンテンツの流通を独占されてしまったからです。表1からも明らかなように、米国のユニーク・ユーザ数上位10サイトのうち、コンテンツ・レイヤーのサイトは一つしかありません。上位20サイトでも六つ、つまり全体の30％しかありません。

訪れる人の数がそんなに多くないと、無料モデルだろうと課金モデルだろうと、大きな収益は期待できません。更に、後で詳しく解説しますが、ネット広告市場の構造から、コンテンツ・レイヤーのウェブサイトは安い広告費に甘んじざるを得ないという現実もあるのです。

ちなみに、プラットフォーム・レイヤーとコンテンツ・レイヤーの違いがよく分からないと感じる方もいらっしゃると思うので、ここでちょっと説明しておきますと、実は両方のレイヤーの明確な定義は存在しないし、どのサービスがどちらに属するかという明確な判断基準も存在しません。

一般的な理解で言えば、プラットフォーム・レイヤーのサービスとはユーザがネットを利用する際のベースとなるもので、ネット企業によって提供されています。これに対し、マスメディアやコンテンツの企業が個々に開設しているウェブサイトは、コンテンツ・レイヤーに属します。

ただ、個人的には、個々のマスメディアなどのウェブサイトでも、アクセス数がかなり多いところ、例えば表1で言えば上位20サイトに入っているようなところは、ネット上の情報／コンテンツの流通のシェアを獲得したと考えられるので、コンテンツ・レイヤーからプラットフォーム・レイヤーに進出したと見なしてもいいのではないかと思っています。

第二に、ネット上では〝コンテンツはタダ〟が当たり前となり、ユーザがコンテンツにお金を払うことに対して非常にシビアになったからです。第2次ネット・バブルの狂騒の下でネット上でのコンテンツ供給が激増しました。しかも、無料コンテンツと違法コンテンツが圧倒的に多く、ネット上で時間をかけて探せば最新のヒット曲も無料で入手できてしまいます。コンテンツの価値が極端に低下してしまったことが、コンテンツ・レイヤーの企業の収益に大きく影響したのです。

ただ、ここで注意してほしいのは、低下したのは〝ユーザにとってのコンテンツの価値〟であり、〝社会にとってのコンテンツの価値〟は変わっていない、ということです。コンテンツは文化を形成するものであり、社会にとっての文化の重要性が不変である以上、特にプロが制作するコンテンツの社会にとっての価値も変わっていないはずです。

つまり、ネットの普及によって、コンテンツの〝ユーザにとっての価値〟と〝社会にとっての価値〟の間に大きな乖離《かいり》が発生してしまったのです。

このように考えると、コンテンツが直面する問題は環境問題と同じ構造であることが分かります。地球温暖化が進行する原因は、温室効果ガスが大量に排出されるからです。そして、なぜ温室効果ガスが大量に排出されるのかというと、ガソリンなどの環境に悪いエネルギーの価格が安価で、環境に与えるダメージの対価が含まれていないからです。

つまり、現行のエネルギーの〝ユーザにとっての価格〟は安価だけど、環境に与えるダメージの対価を含めて考えると〝社会にとっての価格〟は高いのです。両者の価格に乖離が生じており、それが環境問題にとっての社会的なコストになっているのです。巷で言われる炭素税とは、この乖離分の社会的なコストを埋めようとするアプローチに他ならないのです。

そう考えると不思議なのは、なぜ世の人は環境問題では大騒ぎするのに、コンテンツが直面する問題には何も反応しないのかということです。後述するように、この問題がジャーナリズムや文化という、社会にとって環境と並ぶ大事な価値観を衰退させている元凶なのです。

米国ネット企業による帝国主義的展開

本章で説明した内容をまとめますと、2度のネット・バブルを経て、今のネット企業のビジネスモデルである無料モデルは確立されました。

そして、ネットの出現により、従来のマスメディアやコンテンツ産業のような、媒体毎に縦割りで同一企業がコンテンツの制作からその流通までを一手に担うという情報／コンテンツの世界の体制は崩れ、コンテンツ／プラットフォーム／インフラという横割りのレイヤーの世界が出現しました。

縦割りの時代に参入障壁で守られていた流通独占が崩れ、かつネット上に〝無料〟という観念が蔓延した結果、マスメディアやコンテンツ企業の収益は急速に悪化しました。

そうした中でプラットフォーム・レイヤーでの熾烈な競争に勝ち抜くため、そこで支配的な力を持つ米国のネット企業はコンテンツ・レイヤーを搾取し、また世界市場の制覇に向けて帝国主義的な展開を強化して、広告収入の最大化を図っています。

それらの結果として、二つの深刻な社会的な問題が生じているのです。以下の章では、それらの内容を順次説明していきたいと思います。

第2章 ジャーナリズムと文化の衰退

第1節　新聞の崩壊

コンテンツがプラットフォームの犠牲に

前章で説明したように、プラットフォーム・レイヤーとは、ネット上での情報／コンテンツ流通のベースとなるところです。ネット上という情報／コンテンツの流通経路の中核と言えましょう。しかし、プラットフォームのサービスだけが存在しても、そこから提供される情報が少なかったりコンテンツがつまらなかったら、そのサービスは成功しません。

その意味で、本当はプラットフォーム・レイヤーとコンテンツ・レイヤーはネット上で持ちつ持たれつの関係のはずなのです。しかし、実態は、グーグルに代表されるプラットフォーム・レイヤーのネット企業は高収益を誇っているのに対し、コンテンツ・レイヤーに属するマスメディアやコンテンツ企業は、年々深刻化する収益の悪化に苦しんでいます。

例えば、グーグルなどの検索サイトは様々なコンテンツを複製して検索結果に表示することで儲けていますし、かつて音楽の違法ダウンロードで問題になったナップスターだって、ネット上ではプラットフォーム・レイヤーのプレイヤーでした。

つまり、コンテンツ・レイヤーはプラットフォームの犠牲になっている面があるのです。その結果、マスメディアやコンテンツ企業が経営の危機に瀕しているのです。

まず、実際にどの程度の危機的状況なのかを、マスメディアについては新聞を、コンテンツ産業については音楽を例に見てみます。この二つが、マスメディアとコンテンツ産業の中でネットの影響をもっとも深刻に受けているのです。

ユーザの行動の変化

ネットの普及によってマスメディア全般の経営は大きく悪化していますが、その原因は、新聞やテレビといったマスメディアからネットへとユーザのメディア消費の中心が大きくシフトし、それに伴って広告費もどんどんネットへとシフトしているからです。ネットが、情報／コンテンツの流通の主役の座をマスメディアから奪ったのです。

これはやむを得ないことです。情報の速報性という点では、新聞やテレビはネットに勝てません。また、現代人は昔に比べて忙しいという生活パターンの変化もあります。

統計が充実している米国には色々と面白いデータがあるのですが、ある調査によると、20年前と今の平均的な人の生活パターンを比べたら、睡眠時間以外で人が家に滞在する時間は半分に減少しているようです。現代人は忙しい、今や家でゆっくりと新聞を読んだりテレビを観たりする人は少ないということです。米国の四大ネットワーク局（日本で言う全国ネットのキー局）の視聴者の平均年齢は50歳の大台に乗った、という調査結果もあります。昼間のニュース番組に至っては、65歳以上になっているようです。

日本ではこのような実態調査は少なく、テレビの視聴時間はあまり減っていないというデータもありますが、冷静に自分の生活パターンを振り返ってみると、そもそも家にいる時間は減っていて、家にいるときもテレビよりパソコン、外では携帯電話（モバイル・インターネット）で情報を見る、という人の方が多いのではないでしょうか。

特に若い世代は皆そうなっていると言っても過言ではないと思います。私が教えている学生に聞いても、新聞をちゃんと購読している人の数は非常に少なく、大半がネットで新聞を読んでいるようです。

そして、こうした傾向は今後一層強まるはずです。今の中高生は、物心ついたときからパソコンや携帯電話があり、それを当たり前のように使いこなして育っています。彼らが大人になる頃には、新聞やテレビといったオールド・メディアはより一層衰退せざるを得ないのです。

新聞の収益の悪化

こうしたユーザの行動の変化とそれに伴う広告費のシフトの影響を受け、新聞産業は非常に厳しい状況に追い込まれています。

まず新聞の発行部数を見てみましょう（表2）。米国では、１９９３年の６３００万部をピークに毎年減少を続け、２００８年には４９００万部にまで落ち込みました。15年で20％以上も発行部数が減ったのです。特に、２００４年にはまだ５８００万部発行されていたことを考えると、グーグルの株式公開と第2次ネット・バブルの始まりに象徴されるこの年以降、一気に減少幅が大きくなっていることが分かります。

これに対して、日本ではそこまで減少していません（表3）。１９９９年の５４００万部をピークに漸減し、２００８年には５１００万部となっています。10年で10％も減少していないのですが、しかし、日本の場合は押し紙（新聞社が販売部数を販売店に押しつける）などの特殊な業界慣行もあるので、この数字を真に受けるべきではありません。実態は米国同様にかなり悪くなっているはずです。

次に、新聞社の経営状況を見てみると、発行部数以上に悲惨な実態が浮き彫りになりま

1993年 ⋮	62,566,000 ⋮
1998年 ⋮	60,066,000 ⋮
2003年	58,495,000
2004年	57,754,000
2005年	55,270,000
2006年	53,179,000
2007年	51,246,000
2008年	49,115,000

表2　米国の新聞の発行部数（日曜版）

（出典：Newspaper Association of America）

1999年 ⋮	53,757,281 ⋮
2004年	53,021,564
2005年	52,568,032
2006年	52,310,478
2007年	52,028,671
2008年	51,491,409

表3　日本の新聞の発行部数

（出典：社団法人 日本新聞協会）

す。

その前に、米国と日本では新聞の収益構造が大きく異なっていることに注意してください。ざっくり言うと、米国では広告収入と購読料収入の割合が3対1と広告収入の方が圧倒的に多いのに対して、日本ではその割合が1対2と逆転し、広告収入よりも購読料収入への依存度の方が高くなっています。つまり、米国の新聞社の方が広告費のネットへのシフトの影響をより深刻に受ける構造になっています。

その米国では、新聞産業の広告収入のピークは、紙だけだと2000年で490億ドル、紙とネットの合計で見ると2005年の500億ドルだったのですが、2008年には380億ドルにまで減少しました。2008年の秋以降は経済危機の影響もあるので、その分は割り引いて考えないといけないのですが、それでも収益のメインである広告収入が3年で24％も減少したのですから、すさまじいペースでの悪化と言わざるを得ません（表4）。

ちなみに、米国の新聞産業の2008年の広告収入は前年比で見ると16・7％も減少しています。2009年上期は経済危機の影響で更に悪化し、前年同期比で22・8％も減少しました。あるシンクタンクの分析によると、こうした大幅な減少の半分は経済危機の影響ですが、半分はユーザと広告のネットへのシフトという構造的な変化の影響となっています。

つまり、新聞産業の広告収入は、今後もかなり大規模に減少を続けると考えざるを得ないのです。

そして、日本の新聞産業の広告収入も米国とほぼ同じような状況であり、2000年の9000億円をピークに減少を続け、2008年には5700億円にまで減少しました(表5)。8年で40%も減ってしまったのです。収益源の中心である購読料収入が1998年の1兆3000億円から2008年は1兆2000億円と漸減であることを考えると、日本では広告収入の減少のインパクトは米国ほど深刻ではないものの、やはり新聞社の経営は厳しい状況に追い込まれていることが分かります。

このように、新聞産業はネットの普及によって収益が急速に減少していますが、新聞社を個別に見るとその悲惨さは一層際立ちます。日本の新聞社の多くは詳細なデータを公表していないので、ここでは米国の例を幾つか紹介したいと思います。

米国では、新聞社のリストラは今や当たり前のこととなっています。2009年前半の段階で、全米で毎月1500人近くのジャーナリストがレイオフ(平たく言えば解雇)さ

	紙	ネット	合計
2000年 ⋮	$48,670 ⋮	— ⋮	$48,670 ⋮
2005年	$47,408	$2,027	$49,435
2006年	$46,611	$2,664	$49,275
2007年	$42,209	$3,166	$45,375
2008年	$34,740	$3,109	$37,848

（単位：100万ドル）

表4　米国の新聞の広告収入
（出典：Newspaper Association of America）

2000年 ⋮	9,012 ⋮
2002年 ⋮	7,709 ⋮
2004年	7,550
2005年	7,438
2006年	7,082
2007年	6,646
2008年	5,655

（単位：億円）

表5　日本の新聞の広告収入
（出典：社団法人 日本新聞協会）

●タスカン・シチズン
●ロッキー・マウンテン・ニュース
●ボルチモア・エグザミナー
●ケンタッキー・ポスト
●シンシナティ・ポスト
●キング・カウンティ・ジャーナル
●ユニオン・シティ・レジスター・トリビューン
●ハリファックス・デイリーニュース
●アルバカーキー・トリビューン
●サウスアイダホ・プレス
●サン・ジュアン・スター

表6　米国で廃刊となった新聞（2007〜2009年）
（出典：Newspaper Death Watch）

れています。新聞社にとって一番重要な機能であるニュースルーム（取材や記事の執筆・編集を行う人たちの総称）の陣容が、今や数年前の半分以下の人数になったという新聞社もたくさんあります。新聞社の海外特派員の数もこの4年で30％も減ったそうです。

新聞の廃刊なども相次いでいます。2007年から2009年までの僅か3年で、全米の地方都市の新聞が11紙廃刊になりました（表6）。デンバーのロッキー・マウンテン・ニュース、ボルチモアのボルチモア・エグザミナーのように、地方都市の主要紙の一つだったものがなくなってしまったのです。

また、廃刊までいかなくても、例えばデトロイトなどでは、地元の主要2紙がともに購読者への新聞の配達を毎日から週3日程度に減少させ、ネットを補完的に記事提供の手段として活用しています。

また、紙の発行を完全に止めて、ネット上のウェブサイトだけでニュースを提供する新聞社も現れています。その代表例は、シアトルの主要紙の一つであるシアトル・ポスト・インテリジェンサーであり、２００９年春に紙の発行を停止し、その後はウェブサイトのみで新聞社としての活動を続けています。

ネットは儲からない

このようにネットの普及の影響を受けて新聞産業全体が崩壊状態となっていますが、当然経営陣も手をこまねいてそれを見ている訳ではありません。広告が紙からネットへと急速にシフトする状況を踏まえ、ネット上でも広告収入を増大させるべく、米国のすべての新聞社がネット展開を強化してきました。しかし、残念ながら、過去数年にわたる米国の新聞社のネット展開から得られた教訓は、「無料モデルでは、マスメディアやコンテンツ企業はネット上ではなかなか儲からない」の一言に尽きるのです。

具体例を挙げましょう。例えば米国を代表する新聞であるニューヨーク・タイムズは、

２００７年に、ネット上でそれまでの課金モデル（毎月定額を払うユーザは過去の記事もすべて閲覧可能）を止めて無料モデルに移行しました。サイトを訪れる人の数をもっと増やせばネット上の広告収入も増えるので、その場合の広告収入の方が課金収入よりも大きくなるだろうと考えたのです。

しかし、その結果は驚くべき内容となっています。同紙の紙での購読者数は１１０万人、ウェブサイトへの訪問者の数は月５０００万人（ユニーク・ユーザ数）となっています。ネットでの読者数は紙の50倍以上も存在することになります。それなのに、２００８年の広告収入を見ると、紙からの広告収入は20億ドルであるのに対して、ネットからの広告収入はだいたい2億５０００万ドル程度と推計されています。つまり、読者数はネットの方が50倍もいるのに、ネットからの広告収入は紙の10分の1程度なのです。ちなみに、ネットからの広告収入だけでは、同紙の社員数の20％しか養えないようです。

こうした数字はニューヨーク・タイムズに限ったことではありません。米国新聞協会のデータを見ると、米国の新聞産業全体での２００８年の広告収入は、紙からが３４７億ドルであるのに対し、ネットからは31億ドルしかありません。つまり、米国では、ネット経由で新聞を読む人の数は紙で読む人よりも圧倒的に多いにも拘わらず、ネットからの広告収入は紙の10分の1程度でしかないのです。

ちなみに、日本ではこうした数字は公表されていませんが、ある全国紙の幹部の方から聞いたところ、その新聞のネット広告収入は、紙の広告収入の100分の1程度とのことでした。

このように、ネットにシフトする広告費を追いかけて積極的にネット展開したのに、ネットからの収入増は紙からの収入の減少を補えるレベルどころではなかったので、新聞社の収益改善にはほとんど貢献していないのです。

それは、別の新聞社の実験的な取り組みからも明らかです。既に言及しましたが、シアトルに二つ存在する新聞の一つ、シアトル・ポスト・インテリジェンサーは、2009年春に紙の発行を止め、ウェブサイトのみで記事を提供するようになりました。同紙の持ち株会社は他にもたくさん新聞を持っているので、ネット時代の新聞の新たなビジネスモデルを探求すべく、同紙を実験台に使っていると言われています。

その結果はどうだったでしょうか。同紙の広告収入はほぼ90％減となりました。収入がかつての10分の1になってしまいました。当然、大規模なリストラが必要になります。165人いた取材・記事の執筆・編集を行うニュースルームのスタッフの数は20人（！）に減少しました。20人ではとても地元のニュースをカバーできないので、地元の約200人のブロガーに無給で協力してもらいながら、ネット上で〝新聞の発行〟を続けています。

しかし、ブロガーが無給でとなると、自ずと協力範囲も限定されます。新聞社という企業はぐっとスリムになって生き残っているのですが、同紙がカバーする地元シアトルのニュースのジャンルや範囲は、以前よりもかなり狭くなってしまいました。

新聞の流通独占の崩壊

それでは、新聞ビジネスがこのようにネットの普及とともに衰退しつつある原因は何でしょうか。それは一言で言えば、新聞に大きな収益をもたらす源泉となってきた〝流通独占〟が、ネットによって崩されたからに他なりません。ネットによって、新聞のビジネスモデルが崩壊してしまったのです。

新聞のビジネスモデルは、基本的に、新聞社が記事の作成から紙への印刷、新聞の配送・配達に至るすべての機能を自社で担うという、垂直統合のビジネスモデルです。

毎日大量の新聞を紙に印刷するには、大規模な印刷設備が必要です。また、毎日購読者の自宅まで新聞を配達するためには、大規模な配達網を整備することが必要です。つまり、新聞ビジネスは印刷と配送の部分で膨大な投資が必要となるため、それが参入障壁となって新規参入を拒んできました。

かつ、ユーザの側からすれば、ネット以前の時代に日々のニュースを入手する手段としては紙媒体の新聞が主でしたので、少数の新聞社でニュースの市場を独占することができたのです。その結果、新聞社は独占による超過利潤を得ることができたので、それで新聞記者の高い給料や膨大な取材経費を賄い、新聞記事のクオリティを維持してきたのです。

つまり、新聞の伝統的なビジネスモデルにおいては、記事のクオリティもさることながら、それ以上に流通の独占が新聞社のコアコンピタンス（競争力の根源）を形成してきたのです。

そして、ネットの出現と普及によりその流通部分の独占性が破壊されたことが、新聞産業が苦境に陥った本質的な原因です。

ネットは情報の新たな流通経路ですが、紙のようにコストはかからないし、情報の速報性という点でも優れています。紙媒体と違って表現形態も文字と写真に限定されません。そして広告効果という観点でも、広告のターゲットとなるユーザを絞り込めるというメリットがあります。

そのため、当然のようにユーザは紙の新聞からネットにどんどん流れ、広告もそれを追いかけて急激にネットにシフトして、新聞社の流通の独占が崩壊したのです。

ネットが儲からない二つの原因

このように、かつての新聞社の収益の源泉であった流通の独占性が崩壊する中で、新聞社にとってもネットの活用は欠かせません。今後は間違いなく今まで以上にネットが社会や生活の中心になっていくからです。だからこそ、あらゆる新聞社がネット展開をしています。

そこに立ちはだかるのが、新聞にとってネットは儲からないという現実です。その原因は何でしょうか。もちろん、新聞社のウェブサイトに掲載された記事の複製と転載が容易なので、記事の無料コピーが大量に出回ることも、原因の一つではあります。

でも、それ以上に大きな原因が二つあります。第一は、ネット広告市場の構造から、新聞などのコンテンツ・レイヤーが無料モデルで大きな収益をあげるのは難しいということです。第二は、検索サイトなどのプラットフォーム・レイヤーとの関係が、法律上の規定によってむしろ必ずしも適正なものとはなっていないということです。

以下、この二つの原因について、少し詳しく説明します。

ネット広告市場の構造

ネット広告の市場の構造を見ると、大まかに言って3種類のネット広告が存在します。一つは検索サイトでの検索結果のページに出てくる検索連動広告です。ユーザの興味や関心は検索のキーワードに集約されているので、それと関連性のある広告を表示することで、高い広告効果が期待できると言われています。

もう一つはディスプレイ広告です。ウェブサイト上のスペースに表示される広告のことで、この中にはバナー広告（テキストと写真など）、動画広告（クリックするとテレビCMのように動画が流れる広告）などが含まれます。

最後はその他になりますが、その内容は国によってだいぶ異なります。例えば米国では、クラシファイド広告という新聞の独壇場だった広告（求人、不動産、中古車など、地域の小さな広告を一覧形式で出すもので、〝売ります／買います〟の個人広告が集まる場）がネットにシフトし、シェアを確保しています。一方、日本では携帯電話によるネット利用が進んでいることもあり、携帯広告が大きな割合を占めています。また、商品リンクと購

	米国 （235億ドル：約2.3兆円）	日本 （5,752億円）
検索連動広告	45%	22%
ディスプレイ広告	33%	59%
その他	22% （うちクラシファイド広告14%）	19% （うち携帯広告15%）

表7　ネット広告市場の内訳（2008年）
（出典：米国／IAB（インタラクティブ広告協会）、日本／野村総合研究所）

入された金額に応じて報酬を支払うアフィリエイト広告は、どこの国でも多く見られます。

米国と日本でのこれらのネット広告の市場シェアを見てみますと、表7のように、米国では検索連動広告が45％、ディスプレイ広告が33％となっています。これに対して日本では検索連動広告が22％、ディスプレイ広告が59％と比率がほぼ逆転しています（ともに2008年）が、いずれにしてもこの二つの広告でネット広告市場の80％程度を占めています。

しかし、この二つの広告市場は競争状態がかなり異なるのです。

検索連動広告の市場は、グーグルを代表とする少数の検索サービスを提供する企業で独

2008年	$2.46
2009年	$2.39
2010年	$2.37
2011年	$2.34
2012年	$2.32
2013年	$2.30

単位：CPM（1000クリック当たりの価格）

表8　米国のディスプレイ広告の単価の予測
（出典：クレディ・スイス "US Advertising Outlook 2009"）

占しているので、広告の単価は比較的高い水準で安定しますし、大きな収益を期待できます。

これに対して、ディスプレイ広告の市場はかなり異なります。ネット上では、個人のブログなども含めればウェブサイトの数は毎日すごい勢いで増加していますので、理論的には、それに比例してディスプレイ広告を掲載できるスペースの供給量も凄まじいペースで増大していることになります。

その結果、ディスプレイ広告の市場の広告単価は、上昇するどころかどんどん下落しています。米国では、これまでも広告単価は下落しているし、表8のように今後もその傾向は変わらないと予測されています。

つまり、ディスプレイ広告の市場は決して割のいい市場ではないのです。そして問題は、検索サイト以外のほぼすべてのウェブサイトの広告スペースがこの市場に属しているということです。

もちろん、例えば世界で3億人ものユーザが登録しているフェイスブックのサイトと一個人のブログでは、広告スペースとしての価値も広告単価も格段に異なります。それでも、市場全体としては広告単価の下落圧力が大きいために、アクセス数が非常に大きいSNSなどのプラットフォーム・レイヤーのサイトを除くと、この市場からは十分な収益をあげられていないのです。

このため、ネット上の無料モデルで十分な収益をあげられるのは、検索連動広告の市場を独占する検索サイトか、プラットフォーム・レイヤーで非常に多くのユーザを集めているサービスを提供するネット企業くらいなのです。新聞社がネット上で無料モデルをどんなに頑張っても、現状では大きな収益をあげることは難しいのです。

ちなみに、新聞社以外にとってもディスプレイ広告の市場が儲からないのは同様です。例えば、米国では、ネットワーク局（全国放送局）4局のうちの3局（NBC、ABC、Fox）が共同で、ネット上で3局のテレビ番組などを提供する動画サイトのフール（H ｕｌｕ）を運営しています。このサイトは、動画サイトとしてはユーチューブに次ぐアクセス数を誇るのですが、それでもフールの広告収入は２００８年で７０００万ドル（約70億円）でした。この数字は大きいようですが、例えば3局の一つＮＢＣが属するメディア・コングロマリットのＮＢＣユニバーサルの同年の収入は１７０億ドル（約１・７兆円）ですので、フールからの広告収入はその僅か０・４％に過ぎないのです。

“フェアユース規定”

次に、プラットフォーム・レイヤーとの関係が必ずしも適正なものとなっていない、という問題があります。

グーグルなどの検索サイトはネット上で公開されている最新の新聞記事を検索結果に表示し、そうした検索結果の網羅性や最新性で多くのユーザを集めているのに、検索結果のページに表示される検索連動広告からの収入は検索サイトが独り占めして、新聞記事の内容を提供している新聞の側には収益がまったく配分されていないのです。

これは、ある意味でおかしな話です。もちろん、検索サイトの側は、日々大量のユーザを検索サイトから新聞のサイトに送っているので、新聞のサイトのアクセス数の増加に大きく貢献している、と主張しています。

しかし、検索サービスは情報の網羅性が命です。検索対象となる情報量が多ければ多いほど検索結果も正確かつ豊富になるので、ユーザの支持も得られ、ライバルの検索サイトとの競争にも勝てます。つまり、検索サイトは、そこに表示されるコンテンツのお陰で検索連動広告という果実を得ることができているのです。

それなのに、コンテンツを作った側に検索連動広告からの収益が配分されないのは、米国の法律上、それが許容されるようになっているからです。

検索サイトは、検索結果で最新の情報を表示できるようにするため、クローラー（ネット上を巡回するロボットのようなものをイメージしてください）に毎日世界中のウェブサイトを巡回させて、最新の情報を複製・収集しています。しかし、著作権法上、著作物を複製する場合は著作権者の許諾が必要です。許諾の条件として対価の支払いも必要になるかもしれません。従って、クローラーが新聞のサイトの記事を複製する際には、記事の著作権者である新聞社の許諾と、場合によっては対価の支払いも必要になります。

でも、米国の著作権法には〝フェアユース規定〟というものが存在します。フェアユース規定とは、著作権者の許諾なく著作物を利用しても、その利用が四つの判断基準（利用の目的と性格、著作物の性質、著作物全体との関係における利用された部分の量と重要性、著作物の価値に対して利用が及ぼす影響）から公正な利用（フェアユース）であると認められれば、著作権の侵害に当たらない、と定めた規定です。

グーグルなどの検索サイトは、クローラーによる複製行為はこのフェアユース規定に該当するし、そもそもクローラーにコンテンツを複製されて検索結果に表示してほしくないなら簡単な方法でウェブサイトをクローラーの巡回の対象から外れることができる（オプトアウトできる）、という理屈で、日々の最新の新聞記事を検索結果に取り込む一方で、そこから得た収益は新聞社などに配分していないのです。

かつ、米国にサーバーを置いていれば米国の著作権法の対象になるので、事実上米国のフェアユース規定によって世界中の新聞記事を無料で複製できるのです。

このように考えると、ある意味で制度が検索サイトのビジネスを非常に有利にしている、とも言えます。新聞の側からすれば、ネットが普及して過去の流通独占は破壊されるわ、ネット上では儲からないわ、プラットフォーム・レイヤーには無償で複製されるわ、と踏んだり蹴ったりの状態なのです。

第2節　音楽の崩壊

音楽産業の惨状

さて、ネットの影響を受けて崩壊しつつあるのは新聞などのマスメディアだけではありません。マスメディアと同様にコンテンツ・レイヤーに属するコンテンツ産業も深刻な影響を被っています。

ここでは、コンテンツ産業の事例として音楽産業の状況を説明しましょう。音楽は人々にもっとも身近なエンターテイメントであると同時に、デジタル化したときのデータ容量もあまり大きくないので、音楽産業は、第1次ネット・バブルのときからネットの影響をダイレクトに受けています。

その影響は、音楽産業の市場規模に明確に現れています。伝統的に音楽ビジネスの中心は、CD（昔はレコード）販売です。ところが、日本の音楽市場を例にとれば、CDの売上げは1998年がピークで6000億円でしたが、その後は年々減少を続け、2008年には3000億円にまで減少してしまいました（表9）。産業の中核商品の売上げが、

10年で半減してしまったのです。

もちろん、その分CD以外の新しい音楽媒体の市場が成長しています。それでも、2008年の数字で、音楽ビデオ（DVD、ブルーレイなど）の売上げが650億円、音楽配信の売上げが900億円ですので、合計しても2008年の音楽ソフトの市場は4500億円程度にしかならず、CD売上げがピークの1998年と比較して25%も音楽の市場が縮小してしまったことになります。

ちなみに、米国の音楽市場は日本以上に悲惨です。CDやDVD、音楽配信などの音楽全体の市場規模を見ると、ピークの1999年には146億ドルだったのが2008年には85億ドルになりましたので、僅か9年で市場全体が40%以上も縮小してしまったことになります（表10）。

音楽の流通独占の崩壊

このように、新聞と同様に音楽もネットの影響を深刻に受けて市場の縮小に苦しんでいますが、その本質的な原因も新聞の場合と同じです。

音楽ビジネスの構造は、その説明だけで本が一冊書けてしまうくらいに非常に複雑です。

1998年 ⋮	6,075 ⋮
2001年 ⋮	5,031 ⋮
2004年	3,774
2005年	3,672
2006年	3,516
2007年	3,333
2008年	2,961

（単位：億円）

表9　日本のオーディオレコード総生産額

（出典：社団法人 日本レコード協会）

	CD、DVD	音楽配信（携帯、定額制を含む）	合計
1999年 ⋮	14,585 ⋮	―― ⋮	14,585 ⋮
2001年 ⋮	13,741 ⋮	―― ⋮	13,741 ⋮
2003年	11,854	――	11,854
2004年	12,155	183	12,345
2005年	11,195	1,084	12,297
2006年	9,869	1,858	11,758
2007年	7,986	2,339	10,372
2008年	5,759	2,640	8,480

（注）その他の数字もあるので、前者＋後者＝合計とはならない　（単位：100万ドル）

表10　米国のレコード会社の出荷額

（出典：Recording Industry Association of America）

ここでは説明のために敢えてすごく単純化しますと、アナログ時代の音楽ビジネスの構造は、基本的にはレコード会社が音楽というコンテンツの制作、CDの生産と小売店への流通を担うという、新聞と同様の垂直統合型の構造でした。

そこでは、新聞と同様に、良い音楽を作るというコンテンツ制作の部分ももちろん重要でしたが、それ以上に、音楽の流通部分を少数のレコード会社で独占できたことが、音楽ビジネスのコアコンピタンスを形成したのです。

いくら良い音楽を作っても、それが売れないとビジネスにはなりません。アナログ時代の音楽というコンテンツの出口はCDがメインで、そのプロモーションのためにコンサート、テレビ、ラジオといった出口もありました。そして、メインのCDの流通経路の構築・維持にはコストがかかりますので、誰でも参入できる訳ではありません。新聞の場合と同様に参入障壁が存在したのです。

その結果、レコード会社は流通部分の独占性がもたらす超過利潤を獲得でき、それを制作側に回すことによって、優れたアーティストを発掘して良い音楽を世に出すことができたのです。

ところが、新聞の場合と同様に、ネットが音楽の流通の独占性を破壊してしまったのです。今や、ネットはＣＤ以上に便利な音楽の流通経路となりました。昔は音楽というと、ＣＤを買ってきてステレオやＣＤプレイヤーで聴いたものです。しかし今では、ネットからダウンロードして、パソコンやＭＰ3プレイヤー、携帯で音楽を聴くのが当たり前になっています。こうした視聴形態の変化が、ネットによるレコード会社の流通独占の崩壊という事実をもっともよく表しています。

ネットという音楽の流通経路

実際に、今や音楽の流通は、かなりの程度ネット上のプラットフォーム・レイヤーのネット企業に牛耳られてしまっています。その代表が、アップルの iTunes Store ではないでしょうか。米国での音楽の小売りのシェアを見ると、なんとアップルが1位です。

これは、レコード会社にとってみると、流通を自分たちで独占していたアナログ時代とは大きな違いです。かつては、ＣＤの流通を牛耳ることで大きな収益をあげていました。しかし、ネット上で例えばアップルの iTunes で音楽を売る場合、アップルの方が価格決定権などの市場支配力を持ち、しかも流通を牛耳っているために売上げのかなりの部分がアップルに行くことになります。

日本の状況は、米国とは少し異なります。音楽配信が普及する初期の段階で、レコード会社が共同で音楽配信のプラットフォームを立ち上げ、リアルの世界と同様にネット上でも流通を押さえることに成功したからです。

それでも、ネット上ではＣＤと異なり音楽は１曲単位でのバラ売りですし、アップルをはじめとする他の音楽配信のプラットフォームが安い価格を設定すると、全体として価格は下がらざるを得ません。

このように、ネットがレコード会社の流通独占を崩したことで音楽産業の収益が悪化するのは、ある意味でやむを得ないことです。ただ、ネット上での音楽の流通に関しては、とても許容できない事態も起きています。それが違法ダウンロードです。

音楽産業がネットによって被っている最も深刻な被害が違法コピー／ダウンロードであることは疑う余地がありません。

１９９８年にファイル共有ソフトであるナップスターが発表されると、それこそ世界中で著作権を無視した音楽ファイルの交換が盛んに行われるようになりました。このソフトを使えば欲しい音楽がタダで入手できるのですから、当然ＣＤなどの売上げは減少します。

ナップスターによる音楽ファイル交換の急増に業を煮やした全米レコード協会は、ナップスター社を訴えて勝訴しました。それを受け、このサービスは2001年に停止され、その後、別の企業に買収されて合法な有料サービスとして生まれ変わりました。

しかし、その一方でグヌーテラ、ビット・トレント、ウィニーなどの様々なファイル共有ソフトが発表され、違法コピー／ダウンロードの数は激増しています。それは、米国のネット上を日々流通する音楽ファイルのうち、合法なものは20曲中1曲しかないと推定されていることからも明らかです。

よく巷で「米国では音楽ネット配信の市場が急拡大」といった報道を目にしますが、これは合法な音楽配信のことを指しています。それ以上に違法配信の市場は急拡大しているのです。

この状況は日本でも変わりません。日本では、音楽配信の端末としてはパソコンもさることながら携帯電話が大きな役割を果たしていますが、2008年の携帯向けの音楽配信市場を見ると、合法な音楽配信が3億ファイルであるのに対して、違法ファイルのやり取りは4億ファイルも存在すると推定されています（日本レコード協会）。

しかも、違法配信サイトの中には広告が掲載されているところもあります。悪意なく違法配信をやってしまったならまだしも、法律違反の音楽配信を無料モデルで行って広告料収入を得ている輩も多いのですから、呆れるしかありません。

　こうしたファイル共有ソフトや違法配信サイトはプラットフォーム・レイヤーのサービスに属すると考えられます。つまり、新聞の場合の検索サービスによる複製と同様に、コンテンツ・レイヤーの一翼を担う音楽はネット上でプラットフォーム・レイヤーに搾取されているのです。

　ちなみに、音楽の場合は、ネットがかつてのレコード会社の流通独占を崩壊させたことで、リアルの音楽流通にも大きな影響が出ました。

　米国の音楽小売りのシェア第1位はアップルのネット配信ですが、第2位はウォールマートというスーパーストアです。タワーレコードなどの音楽専門の小売店の多くが倒産してしまい、スーパーストアがリアルの小売りのトップになってしまったのです。

　これは、米国ではレコード会社がリアルとネットの双方で流通の支配力を失ったことを意味します。その結果、価格交渉でも弱い立場に立たされますので、収益は一層悪化せざるを得ません。

　かつ、リアルの小売りのトップがウォールマートになったこと自体、音楽産業にはスパイラル的な悪影響を及ぼします。ウォールマートの店舗は広いですが、生活に関連する様々な商品を置いてありますので、ＣＤを売るスペースは当然狭くなりますし在庫もあまり置けないからヒットしているＣＤしか置かれなくなるからです。

私は米国に出張したときにウォールマートの音楽コーナーに行って驚きました。家電やゲームソフトなどのコーナーの更に奥の目立たないスペースに、ヒットチャート上位や有名アーティストのＣＤが並べてあるくらいだったのです。

第3節　社会にとってのマイナス

マスメディアとコンテンツの収益悪化の影響

新聞と音楽を例に、ネットの普及がマスメディアとコンテンツ産業の収益を急速に悪化させ、存亡の危機にまで追いつめていることを説明してきました。それは、悪い表現を使えば、ネットに関わったことによって、それまで情報／コンテンツの流通を独占することを通じて大きな利益をあげてきたマスメディアやコンテンツ企業が、ネット上での流通を独占したプラットフォーム・レイヤーのネット企業によって搾取されている、と言うこともできます。コンテンツ・レイヤーがプラットフォーム・レイヤーの植民地のような状態に追い込まれているのです。このような状況は、社会にとってどういう意味を持つのでしょうか。

ユーザの立場からすれば、良いことだらけです。購読料を払わなくても無料で新聞記事を読めますし、テレビ番組だってパソコンや携帯で無料で見られます。ネット上で探す時間さえ惜しまなければ、好きなアーティストの音楽をタダで入手できます。映画も、一生懸命探せば公開前の作品でも見つけられるかもしれません。

ネット上のプラットフォーム・レイヤーのネット企業にとっても万々歳です。ユーザは喜んでくれるし、自分の企業の市場シェアや収益も年々良くなるし、と良いことずくめです。

でも、ニュースや音楽を供給する立場からすれば、年々収入は減るし、リストラは当たり前、倒産するところも出ていますので、それはもうたまったものではない、という状況になっています。

そして問題は、単にモノやサービスの市場の構造変化によって供給側のプレイヤーが交代していくだけなら良いのですが、マスメディアやコンテンツ産業の場合は、供給側が果たしてきた市場価値では測りにくい社会的な役割も同時に衰退しつつあり、プラットフォーム・レイヤーのネット企業ではそうした社会的な役割の部分を担うことができないのではないか、ということなのです。

その社会的な役割とは、〝ジャーナリズム〟と〝文化〟です。マスメディアとコンテンツ産業が衰退しつつあることで、それら社会のインフラとも言うべきものも衰退しつつあるのです。

ジャーナリズムの衰退の危機

先に説明したように、新聞業界が直面している危機的な状況はかなり深刻です。ネットが儲からないという現状では、いつ新聞社に明るい光が射すかまったく分かりません。こうした新聞社の苦境がジャーナリズムの衰退をもたらしつつあるのです。

ジャーナリズムは民主主義を支えるインフラであり、社会に不可欠な機能です。そのジャーナリズムは、これまで新聞社などで働くプロのジャーナリストによって担われてきました。ところが、既に説明しましたように、米国では記者などのニュースルームのスタッフが大幅にリストラされています。日本では、レイオフが制度的にないのでそうした解雇は起きていませんが、経営が苦しくなる中で取材に必要な経費（交通費、飲食代など）は大幅カットか、ほぼゼロになっているそうです。

つまり、プロのジャーナリストが職を失うか、仕事はあっても情報収集のために必要な経費を使えなくなっているのです。このような状況でジャーナリズムが維持できるはずがないのは明らかです（日本の記者の大半はジャーナリストではなくて新聞社という企業のサラリーマンである、従って日本にはそもそもジャーナリズムは存在しないから大丈夫、という主張もありますが……）。

ここで、面白い調査結果を紹介しましょう。米国の地方都市シンシナティでは、2007年に主要紙シンシナティ・ポストが廃刊になりましたが、プリンストン大学が、この廃刊が地元の民主主義にどのような影響を与えたかを調査しました。

その結果は、地元での様々な選挙で投票に行く人の数が減少し、同時に選挙で現職に対抗して立候補する人の数も減少していることが明らかになりました。この調査は、同紙の廃刊がシンシナティの民主主義のクオリティの明らかな低下をもたらしたと結論づけています。

このように、ネットの普及で新聞社の経営が悪化するのに伴ってジャーナリズムが衰退してしまったら、社会にとっての損失は非常に大きいのではないでしょうか。

トーマス・ジェファーソンを知らない人はいないと思います。米国が英国の植民地支配から独立するときに独立宣言を起草した人であり、民主主義の歴史を語る上では欠かせない人物です。では、皆さんは、そのジェファーソンが1787年に記した以下の名言をご存じでしょうか。

「〝新聞がなくて政府がある社会（a government without newspaper）〟と〝政府がなくて新聞がある社会（newspaper without a government）〟のどちらかを選べと言われたら、私は迷わず後者を選ぶであろう」

そうです。民主主義の旗手であったトーマス・ジェファーソンは、民主主義の維持のためには政府よりもジャーナリズムの役割が重要であることを、18世紀末の時点で喝破しているのです。

そして、ジェファーソンのこの言葉は、ネットが新聞などのマスメディアに取って代わろうとしている今の時代にも通用するはずです。新聞社という企業は倒産しても仕方がないのですが、新聞が担ってきたジャーナリズムはネット時代でも民主主義と社会の双方にとって必要であることには変わりがないのであり、誰かが担っていかなくてはならないのです。

誰がネット時代のジャーナリズムを担うのか？

このような議論を展開すると、ネットの自由を強く主張するネット専門家の人は必ず、「新聞の既得権益を守ろうとしている」「2009年にツイッターがイランの大統領選後の騒乱をリアルタイムで報じたように、今やすべての人が情報発信できるのであり、プロの新聞記者がいなくても市民の活動（シチズン・ジャーナリズム）でジャーナリズムを支えられる」といった趣旨の反論をするでしょう。

しかし、本当にそうでしょうか。ジャーナリズムには2種類の役割が存在します。一つは公になった事実をそのまま伝えるという単純な事実報道、もう一つは、隠された事実の調査を積み重ねてその真実を明らかにし、新しい視点を提起するという調査報道です。

前者の事実報道は素人でもある程度対応できるかもしれません。しかし、後者についてはプロのジャーナリストの働きが不可欠ではないでしょうか。素人には、データベース以外から情報を収集するコツさえも分からないはずです。シチズン・ジャーナリズムだけでは、社会で必要とされるジャーナリズムの機能は果たし得ないのです。

アナログ時代は、新聞社が流通独占によって獲得した超過利潤でたくさんのプロのジャーナリストを養えたため、結果的にジャーナリズムが維持されてきました。しかし、ネットの普及によって肝心の超過利潤が新聞社からプラットフォーム・レイヤーのネット企業に移行してしまったのです。しかも、新たに超過利潤を獲得した検索サイトなどのネット企業は、新聞社やプロのジャーナリストにそれを還元していないのですから、ジャーナリズムが衰退するのもある意味で当然です。

もちろん、米国では、新聞社の倒産やレイオフで職を失ったジャーナリストがネット上で報道に携わり続けている例はたくさんあります。新たに企業を興したケースもあれば、ネット上のニュースサイトに記事を提供しているケースもあります。しかし、多くの人は、新聞社に属していた頃よりも収入が減っているはずですし、取材にかけられるコストも制約されるので、取材の範囲や深さも限定されているはずです。

従って、社会としてジャーナリズムをどのように維持すべきか、そのためにはどのような制度が必要かを、多くの関係者が真剣に考えるべきときがきているのではないでしょうか。シチズン・ジャーナリズムで代替できる範囲は限定されています。検索サイトが繁栄してユーザが便利になったのは事実ですが、そのコストをこれまでジャーナリズムを一手に担ってきた者に払わせ続けるのはもう限界だと思います。

そして、日本の場合は特に状況は深刻ではないかと思います。日本は民主主義の歴史が浅いと言わざるを得ません。私のようなジャーナリスト論の素人から見ると、第二次大戦後に米国によって持ち込まれたと言っても過言ではないと思います。

そうした状況を反映して、日本にはプロフェッショナルと言えるジャーナリストも少ないのですが、それ以上に市民や社会のジャーナリズムに対する認識が米国と比べて非常に希薄だと思います。日本にジャーナリズムを教える大学や大学院がほとんど存在しないことがその証左です。

従って、日本ではシチズン・ジャーナリズムが機能することもあまり期待できないと思います。プロのジャーナリストが存在し続けることは米国以上に日本にとって不可欠なのです。

そのためには、新聞社が自力でビジネスモデルを進化させるとともに、政府の側も、甘やかしは絶対にダメですが、制度面からその存続を助けなければいけないはずです。

文化の衰退

次に、例えば音楽産業が本当に崩壊してしまったら、文化の衰退という悪影響が社会に生じることになります。

音楽は文化の一部です。日本では文化と言うと、歌舞伎などの伝統文化を連想される方が多いのですが、Ｊ－ＰＯＰなどの現代音楽も日本の大事な文化です。アニメやマンガなどのオタク系も立派な日本の文化です。実際、アジアでは日本の伝統文化よりもこれらの現代文化の方が人気があるのです。

そして、それらの文化を主に担ってきたのは、それらのコンテンツの制作を生業としているプロのクリエイターやコンテンツ企業です。コンテンツについてプロと素人の線引きは難しいのですが、少なくともコンテンツで生計を立てている人や企業はプロと言えます。

そうした人たちが、コンテンツ産業の崩壊で別の仕事に移ってしまったら、文化は衰退せざるを得ません。素人の制作したコンテンツに、プロと同じクオリティを期待するのは困難だからです。

既に説明したように、音楽産業は衰退の一途を辿っています。今やアニメ産業、マンガ産業も音楽産業と同様に崩壊寸前になっていますので、下手したら日本のポップ・カルチャーは総崩れになりかねません。それは日本の現代文化の衰退につながるのであり、社会にとって大きな損失になるのではないでしょうか。

そもそも、文化はその国の社会の価値観を形成する大事なインフラです。特に今の日本にとっては、文化の衰退は致命的な問題となりかねません。日本は戦後ずっと世界で経済力のみが評価されてきました。しかし、〝世界第二の経済大国〟という地位も、今年（2010年）中国に明け渡すことになります。一人当たりGDPは既にシンガポールに抜かれています。日本のGDPが世界全体に占める割合は2000年には15％でしたが、2014年には7％にまで低下すると予測されています。日本の経済力は明らかにピークを過ぎたのです。

また、5年前から日本の人口は減少を始めています。現在は1億2000万人ですが、2055年には8900万人にまで減少します。かつ、少子高齢化もどんどん進み、その段階で10人のうち4人が65歳以上となるのです。人口の減少と少子高齢化は、国力を確実に低下させます。

つまり、日本の経済力はこれから低下するしかないのであり、そうした中では、経済というこれまでの一枚看板を補強する、世界における日本の新たな存在価値を作り出す必要に迫られているのです。そして、文化はそれに大きく貢献できるはずです。それはなぜでしょうか。定量的な根拠を示すことは難しいのですが、日本の文化水準は世界的に見ても非常に高いからです。

ポップカルチャーは、世界中で高い評価を得ています。伝統文化も、平和が続いた江戸時代に花開いた庶民文化をはじめ、他のアジア諸国にはない様々な強みを持っています。また、これだけ国土の狭い国でこれほど多様な食文化が育まれている例は他にないのではないでしょうか。その他にも、日本の文化水準の高さを物語る例はたくさんあります。

国際政治の世界には〝ソフトパワー〟という概念があります。武力や経済力といった相手国を押し倒す力である〝ハードパワー〟に対峙する概念で、周りの国を自国のファン、味方にすることによって、国際合意の形成などで有利な立場に立つという、相手国を引き込む力を意味します。

ハードパワーは強くないけれどソフトパワーが強い国の典型例はイタリアだと思います。GDPは世界第7位で欧州の中では英独仏より下位と、経済力は他の先進国ほど強くありませんが、ローマ文明やルネッサンス文化の発祥の地、食文化の高さなど、文化の力が高く評価されているので、重要な先進国の一つとして認知され続けています。

経済力がこれから低下する日本が目指すべきは、イタリアのようにソフトパワーが強い国ではないでしょうか。

文化の衰退を防ぐには

このように、文化の衰退というのはすべての国にとって社会の価値観の喪失という由々しき影響を与えますが、特に日本にとっては、新たな国益の喪失という要素も入りますので、より深刻な問題となり得るのです。

もちろん、ネットの普及によって、音楽ではメジャーのレコード会社に属さないインディーズのアーティストが世に出るチャンスが広がりました。同様に、これまでテレビ局など流通を牛耳ってきた企業の下請けとしてある意味搾取されてきた映像制作会社も、ネットを通じて直接世に作品を発表できるようになりました。このように、ネットが文化にプラスの効果をもたらしている面もあることは事実です。

しかし、ネットを通じて世に出ることはできても、ユーザはコンテンツにお金を払わないし、音楽産業全体も縮小する中では、インディーズのアーティストが音楽だけで食べていけるようになるかは疑問です。

もちろん、ネット専門家の中にはジャーナリズムの場合と同様に、「デジタルとネットのお陰で、今やすべての人がクリエイターになって自分の作品を世界に発表できるようになった。プロと素人の境目は限りなく曖昧になるのであり、文化の水準は向上する」といった主張をする人もいます。シチズン・ジャーナリズムの場合と同様に、市民が文化を担えるという理屈です。

しかし、それは本当でしょうか。確かにデジタル技術のお陰で誰でもクリエイターになれるようになりました。実際、素人でもプロ顔負けの作品を作り出す人もいます。しかし、コンテンツで生計を立てているプロと趣味でコンテンツを制作している素人では、基本的に作り出す作品のレベルが違い過ぎると私は思います。もちろん、そうした素人の中から才能ある人が将来のプロになるのですが、それも、才能を見つけるプロの側がしっかりしていてこそです。コンテンツ産業が崩壊してプロが生活できなくなるようでは、それも難しくなるのではないでしょうか。

日本の世界における新たな存在価値となり得る文化を衰退させないためにも、音楽などのコンテンツ産業を年々収益が悪化していくという悪循環から早く脱却させ、産業レベルでの崩壊を食い止めないといけないのです。

そのためには、新聞の場合と同様にまずは音楽産業の側の自助努力が必要です。具体的には、自力でビジネスモデルを進化させなければなりません。でもそれだけでは不十分です。例えば、違法ダウンロードなどは産業の側だけでは限界があるからです。従って、これも新聞の場合と同様に、甘やかしは論外として、音楽産業が自力で頑張れる環境を確立するための制度作りを政府が考えなくてはいけないのです。

第3章

ネット上で進む帝国主義

第1節　米国の帝国主義を助長するエコシステム

プラットフォームでは市場シェアが至上命題

第1章で説明しましたように、ネット上のビジネスやサービスの構造はコンテンツ、プラットフォーム、インフラ、端末という四つのレイヤーに分かれており、皆さんがネットに接続している間は、常にこれら四つのレイヤーが提供するサービスをすべて享受しています。

そして、これも既に説明しましたようにネット上で皆さんが一番お世話になると同時にもっとも儲かっているのはプラットフォーム・レイヤーです。ネットも所詮は情報／コンテンツの流通経路ですが、インフラ・レイヤーが情報の流れる土管でしかないのに対し、プラットフォーム・レイヤーは、チャンネルや番組表のようなものが存在しないネットという情報空間での入口、ナビゲーター、通り道の役割を果たしているからです。

そして、このレイヤーが提供するサービスは無料モデルが当たり前となっているので、広告収入を増やすためには市場シェアがすべてとなります。訪れる人の数を可能な限り増やす必要があるので、競争も熾烈にならざるを得ません。

だから、プラットフォーム・レイヤーでサービスを提供する企業は、現状で大きな市場シェアを取っているからと言って安閑としてはいられません。2度にわたるネット・バブルも、基本的にはこのレイヤーへの凄まじい数の新規企業の参入の結果として起きました。

例えばSNSで言えば、米国ではつい数年まではマイ・スペースが一番人気だったのに、短期間の間にフェイスブック、そしてツイッターへと人気がシフトしていきました。検索サービスで言えば、現在はグーグルが世界的に市場シェアを獲得していますが、新しいベンチャー企業がより優れた検索技術を開発して豊富な資金を調達したら、すぐにグーグルを追い抜いてしまうかもしれません。

だからこそ、プラットフォーム・レイヤーのサービスを提供するネット企業は、不断の研究開発投資やM&A（企業の合併・買収）でサービス内容をどんどん高度化するとともに、市場シェアを更に高めようとしています。

特に技術力の高さゆえにプラットフォーム・レイヤーで圧倒的な競争力を持つ米国のネット企業は、その多くが最初から世界展開を意識していることもありますので、米国以外の市場にも積極的に打って出ていきます。ネット上はリアルの世界と違って国境が存在しないので、海外進出の障害となる貿易障壁などがないことも、米国のネット企業のそうした行動原理を後押ししています。

プラットフォームは米国企業が席巻

その結果として、気がつかないうちに憂慮すべき事態が起きているように思えます。それは、米国ネット企業による世界の主要国のネット上のプラットフォーム・レイヤー支配です。

例えば、日英独仏の4カ国での検索サービスに占める米国企業のシェアを見てみますと、表11のようになっています。一目見てお分かりのように、米国ネット企業が軒並みほぼ90％のシェアを獲得しているのです（日本の検索サービス市場で最大シェアを誇るヤフー・ジャパンは、日本企業が筆頭株主ですので米国ネット企業と断言できるか悩むところですが、米国発のサービスですので米国ネット企業に含めています）。

なお、世界のどこの国でも米国企業のシェアが高い訳ではありません。例えば、アジア太平洋地域全体で見ると、米国企業のシェアは64・0％（2009年9月）です。ちなみ

国	米国企業合計	企業	シェア
日本	93.0%（09年1月）	ヤフー	51.3%
		グーグル	38.2%
		マイクロソフト	1.7%
		アマゾン	1.0%
		エキサイト	0.8%
英国	93.7%（08年6月）	グーグル	75.3%
		eBay	5.5%
		ヤフー	4.3%
		マイクロソフト	3.4%
		AOL	2.3%
		フェイスブック	2.2%
		アマゾン	0.7%
ドイツ	90.4%（08年7月）	グーグル	79.8%
		eBay	6.1%
		AOL	1.7%
		マイクロソフト	1.0%
		アマゾン	0.9%
		ヤフー	0.9%
フランス	90.5%（08年8月）	グーグル	82.0%
		マイクロソフト	2.7%
		ヤフー	2.3%
		eBay	1.4%
		フェイスブック	1.1%
		AOL	1.0%

表11　検索サービス市場での米国ネット企業のシェア

（出典：コムスコア）

に、韓国では12・1％（2009年4月）、中国では20％強（2009年4〜6月）と、非常に低い数字になっています。

また、検索と並ぶプラットフォーム・サービスの代表であるSNSでの市場シェアを見てみると、日本では自国企業のミクシィがトップですが、ヨーロッパでは、英国、フランス、ドイツなどの11カ国で米国のフェイスブックが市場シェア第1位です（2009年2月、コムスコア）。最近はツイッターの躍進がすごいので、ヨーロッパでもトップが入れ替わっている可能性も高いですが、これも米国発のサービスです。

このように、国によって、またプラットフォーム・サービスの種類によってデコボコがあるのですが、基本的な傾向としては、米国のネット企業が世界の主要先進国プラットフォーム・レイヤーで圧倒的な市場支配力を発揮している、と言うことができると思います。いわば、世界の主要国のプラットフォーム・レイヤーが米国ネット企業の植民地となってしまっているのです。

しかし、よく考えると、これはある意味でかなり異常な事態です。少なくともリアルの世界ではあり得ないことです。

リアルの世界

例えば、日本車の世界市場での競争力の高さは有名ですが、それでも世界の主要国の市場における日本車のシェアを見てみますと、ちょっと数字は古いのですが２００５年のデータで表12の通りであり、市場の90％を日本車が占めているなどというようなことはありません。

次に、これだけネットが普及して、ネットを介した情報のやり取りの量が激増すると、情報という国の安全保障に関わる分野を支える基盤としてのプラットフォーム・レイヤーの重要性は、インフラ・レイヤーの通信網と同等か、それ以上に高いかもしれません。

そこで、同様に国の安全保障に関わる分野である農業について、主要国の食料の海外依存度（１００から食料自給率を引いた数字）を見てみると、表13のようになります。主要な先進国では、国の安全保障に関わる分野は自国の内部で賄えるようにしているのです。

同様に、例えば世界的に水道事業への外資の参入が進みつつありますが、水道設備というインフラは公的部門が保有し、また様々な規制をかけることで、安定的な供給が保たれるようにしています。

また、多くの国で電気、ガス、通信、放送などの国の安全保障に関わる分野に外資規制

米国	41.2%
英国	17.8%
ドイツ	11.6%
フランス	8.7%

表12　主要国の自動車市場における日本車のシェア（2005年）
（出典：日本自動車工業会）

米国	△ 28%
英国	30%
ドイツ	16%
フランス	△ 22%
日本	60%

（100ー食料自給率）

表13　主要国の食料の海外依存度（2003年）
（出典：農林水産省）

が適用され、外国企業がこれらのインフラを保有できないようにしています。

つまり、現在世界のネット上のプラットフォーム・レイヤーで起きている米国企業の支配という状況は、少なくともリアルの世界では起き得ないことなのです。リアルの世界で安全保障に関わるサービスの市場のシェアの90%を米国企業が取ったら、間違いなく大騒ぎになるでしょう。

そう考えると、例えば自国の検索サービスの市場の90%を米国企業が押さえているというのは、由々しき事態ではないかと思います。

なぜ誰も怒らないのか

不思議なのは、日本のネットの検索サービスの市場シェアの90%が米国企業であるという事実、悪く言えば日本のネットが米国の植民地となっているという事実に対して、それを問題視する声がほとんど上がらないことです。

例えば、第1章でも述べましたが、小泉政権の頃に私が仕えていた竹中平蔵大臣（当時）が不良債権処理や郵政民営化に取り組んでいたとき、与野党問わず多くの国会議員や、テレビ・週刊誌に登場する評論家の人たちが、竹中大臣のことを〝米国流の資本主義を持ち込む米国原理主義者〃〃市場原理主義者〃などと罵っていました。

それほどまでに米国の価値観を嫌うなら、そうした人たちはなぜ日本のネットのプラットフォーム・レイヤーが米国勢に支配されていることに怒らないのでしょうか。もっと言えば、竹中大臣のことを批判し続けた人たちも、パソコンは使っているはずですし、ネット上でメールのやり取りや情報収集をしているはずです。その際、パソコンのチップやネット上での検索サービスなどは間違いなく米国製のはずです。

竹中大臣のことを〃米国原理主義者〃と非難しながら、ネット上では何の違和感もなく米国企業の提供するものを使っている。この事実が、ある意味でネットの怖さを物語っているのではないかと思います。

ネットが普及し始めてまだ10年くらいであることを考えると、リアルとネットではかなり常識が異なるのはやむを得ない面もあるのですが、常識が違うからと言ってプラットフォームの米国支配を許して放置していては、様々な面で問題が生じかねないのではないでしょうか。

それにも拘わらず、国粋主義者のような発言をする人もネット上では結果的に米国製のプラットフォーム・サービスを受け入れています。更にはネットの可能性を主張するネット専門家や、米国発のプラットフォーム・サービスに乗っかってひと儲けしようと考えているベンチャーの人たちは、米国のネット企業礼賛の声ばかりをあげています。

これは危惧すべき状況ではないでしょうか。考え過ぎという批判の声が聞こえてきそうですが、プラットフォーム・レイヤーを米国のネット企業が独占し続けた場合には、国益を損ないかねない幾つかの懸念が生じ得るのです。

第2節 プラットフォームの米国支配の問題点

情報支配の怖さ

それでは、米国のネット企業にプラットフォーム・レイヤーのサービスを独占された場合、何が問題となるのでしょうか。三つの問題点を指摘できると思います。米国の情報支配、米国のソフトパワー強化、そして米国による世界のネット広告市場の制覇です。

第一の問題点は、米国による世界の情報支配が強まりかねないということです。ネットは情報の流通経路です。そして、情報流通の観点からは、情報が流れる土管であるインフラ・レイヤーもさることながら、その情報を蓄積・加工・提供するプラットフォーム・レイヤーに情報が集積しているのです。そのプラットフォームを米国に牛耳られると、情報を米国に見られるリスクも当然増加すると考えるべきです。

例えば、米国ネット企業が提供するフリー・メール（無料で使える電子メール）や無料のビジネス・アプリケーション（文書の作成・保管など）などのサービスを利用していて、そのデータを蓄積するサーバーが米国内にある場合、そのデータを米国で誰かに見られる危険性はゼロではありません。

もちろん、契約上は守秘義務などが書かれていて、情報のセキュリティ確保が明示されているはずです。しかし、紙の上の文言を文字どおり信じてしまうのは、ちょっとナイーブ過ぎるのではないでしょうか。

私は留学、国際機関勤務で都合5年間ニューヨークに住んでいました。特に国際機関勤務のときは、北朝鮮関係の仕事だったこともあり、米国の情報機関とも一緒に仕事をしました。多くは書けませんが、そのときの経験から、私は強くそう思います。

こういう話をすると、北朝鮮とかの安全保障に関わる話だけだろうと思われる方もいると思いますが、そんなことはありません。経済情報もすごく重視されています。実際、米国駐在時には経済産業省の外郭団体のニューヨーク・オフィスにも関わっていましたが、そこのオフィスの電話も盗聴されていました。

性悪説や米国不信が過ぎる考え方かもしれませんが、そうした経験から個人的には、情報という点に関しては米国は怖い国であると思っています。もしあなたやあなたの企業が米国に目を付けられたら、あなたが米国のネット企業のサーバーに預けている情報は決して安全ではないと考えるべきです。

余談になりますが、日本のメディアの裏事情に精通した人に聞いた話では、企業の不祥事がマスメディアで報道される場合、その情報源はその企業のサーバー管理者であることが多いとのことでした。僅かな謝礼で漏らすようです。サーバー管理者と言えば、その気になれば個人のメールの中身を含む社内の情報を見られるので、それ相応の守秘義務を負っているはずですが、それでも情報は漏れるのです。

そして、情報はそのようにサーバーに預けたものに限定されません。例えばあなたが米国のネット企業の検索サービスを使って色々なサイトを訪れている場合、あなたのネット上での行動履歴はすべて把握されています。

そうしたデータは、通常はネット上でのマーケティング（個人の趣味・嗜好に合った広告をウェブ上で掲載）するために使われますが、もしあなたが目を付けられたら、そうしたデータも見られる可能性があるのです。

もちろん、ネット上を日々流通する膨大な情報、世界中の人がネット企業の無料アプリケーション・サービスに預ける情報の大半は、間違いなくどうでもいいものばかりです。むしろ情報としての価値もないゴミに近いものばかりでしょう。そんなデータは誰に見られても構いません。

しかし、企業の重要情報をメールでやり取りすることも多いはずです。政府の官僚も重要な情報をメールでやり取りしています。そうしたときに、所属する組織のメールではなく、米国のネット企業のフリー・メールを使っている人もいるのではないでしょうか。私の知り合いの官僚にもそういう人が何人もいます。そういう場合が危険なのです。

陰謀史観を唱える気はありませんが、国家の安全保障における情報の重要性は極めて高いのです。ビジネスにとっても同様です。米国では「情報はカネにつながる」（information is money）と断言する人もいます。それほどに重要性を持つ情報をやり取りする基盤であるプラットフォーム・レイヤーの持つ潜在的な危険性について、一人でも多くの人が意識すべきではないかと思います。

米国愛国者法

ところで、皆さんは〝米国愛国者法〟という法律をご存じでしょうか。2001年9月11日の米国同時多発テロ事件を受け、米国内外のテロリズムと戦うことを目的として米国の政府当局に様々な特別の権限を付与する法律です。同時多発テロの僅か45日後に成立しました。歴史上初めて米国本土が外国のテロに見舞われたショックの深さが窺われます。

この法律には、すごい規定がたくさん入っています。例えば、それまでの米国の法律では、当局が通信傍受できる対象に新しい通信手段、具体的にはネットが抜け落ちていました。そこで、この部分を改善し、当局は、電子メールなども捜査令状により傍受できるようになり、またCATV回線を使った通信も傍受できるようになりました。

次に、FBIがネット・サービス・プロバイダに対して顧客の個人情報の提出を求める場合、プロバイダの同意を得れば裁判所の関与なく捜査できるようになりました。

つまり、同時多発テロを教訓としてテロ防止に向け米国当局に様々な権限が付与される中で、ネット上の情報の収集についても大幅に権限が強化されたのです。特に〝プロバイダ〟の明確な定義が示されていないことも考えると、この法律に基づけば、米国の当局はプラットフォーム・レイヤーのネット企業に対しても、サーバーに蓄積されている情報の提供を求めることができるはずなのです。

個人的には、この〝米国愛国者法〟の制定は、国家の安全保障のためにはネット上の情報がいかに重要であるかを、ネットを作り出した米国自身が宣言したという意味で、非常にエポックメイキングな出来事ではないかと考えています。米国の映画でサイバーテロとか情報戦争の類いが主題になることがありますが、それは現実になり得るのです。

このような法律が存在することに加えて〝水面下〟のレベルの情報活動まで含めて考えれば、何かあった場合には、ネット上の情報を覗かれる可能性が高いと考えざるを得ないのです。

そう考えると、米国のネット企業のプラットフォーム・サービスをまったく利用しないことは無理ですが、競争力のある同様のサービスや手段を国内に持つことは、競争の観点のみならず安全保障の観点からも重要なのです。

ソフトパワーの観点

次に考えるべきはソフトパワーの観点です。既に第2章で述べたように、国際政治の分野では、国力についての考え方として、武力や経済力などの〝他国を押し倒す力〟であるハードパワーに加え、文化などの〝他国を引きつける力〟であるソフトパワーの重要性が認識されています。

そして、国のソフトパワーの源としては、文化以外にも自国のファンを増やすことに貢献する様々な要素が指摘されていますが、米国について言えば、例えば国際的な英語放送であるCNNは米国の価値観を世界に広めている点で、米国のソフトパワーの強化に大きく貢献していると言われています。

そうだとすると、世界のネット上でのプラットフォーム・レイヤーのサービスを米国のネット企業が独占することも、米国のソフトパワーの強化に貢献していると言えるのではないでしょうか。

かなり陰謀史観的になりますが、検索サービスに多少手を加えることで、検索結果が米国政府や米国企業に有利となるような情報から出るようにすることもできるかもしれません。検索技術の詳細なアルゴリズム（情報の処理の手順）などが公開されていないことを考えると、そういう疑念がまったくないとは断言できないのではないでしょうか。

そこまでは考え過ぎであっても、少なくとも、米国人技術者の考えるアルゴリズムが検索結果に反映されることは間違いないと思います。それは、ある意味で米国の価値観の反映でもあります。その検索サービスを毎日使うということは、米国の価値観の世界への刷り込みにもつながるのです。

かつ、毎日使う検索サービスのウェブ・ページで米国企業の名前とかロゴを見ていたら、それだけでも米国に親近感を持つ人は多いのではないでしょうか。特に、子どもに対してはそうした刷り込み効果は大きいと思います。

プラットフォーム・レイヤーのサービスについては、利用するユーザの側からすればテレビ視聴と同様に習慣性があると思いますので、米国企業のサービスに慣れたらそれを長く利用すると考えると、尚更ではないかと思います。

ネット上の広告ビジネスの観点

そして最後に問題とすべきは、ビジネス上の観点です。既に説明しましたように、広告費はマスメディア（新聞、テレビなど）からネットへと急速にシフトしています。

先進国でシフトの度合いがもっとも急激な英国では、２００６年に既にネット広告の市場が新聞広告を追い抜きましたが、２００９年前半にはテレビ広告も追い抜き（広告市場全体の中でネット広告23・5%、テレビ広告21・9%）、ネットが最大の広告媒体になりました。

米国ではネット広告はまだそこまで拡大していなくて、2009年の広告市場全体に占めるシェアで見ると、テレビ30・1％、新聞14・6％、ネット12・2％と3位です。しかし、2011年には新聞を追い抜くと予測されており、広告費のネットへのシフトという傾向は明確になっています。ちなみに、日本の広告市場の状況も、米国とほぼ同じとなっています。

かつ、ネット広告の二大勢力の一つである検索連動広告はプラットフォーム・レイヤー上にあり、もう一つのバナー／動画広告も単価が高いのはプラットフォーム・レイヤー上（SNS、動画サイトなど）です。

そうした事実を踏まえると、プラットフォーム・レイヤーのサービスを米国企業に独占されるということは、世界の広告ビジネスの中でもっとも成長性の高いネット広告市場でも米国企業のプレゼンスが圧倒的に大きくなることを意味しているのです。

そして、この事実が、単なる広告ビジネスでの米国企業優位にとどまらない問題を惹起することには特に留意すべきではないかと思います。

前章で説明したことを思い出してください。アナログ時代にマスメディアやコンテンツ産業は、コンテンツ制作から流通に至るまでを自社で一貫して行うという垂直統合型のビジネスモデルの下、流通部分を独占することによって得られる超過利潤をコンテンツ制作の側に回すことで、ジャーナリズムを支えるジャーナリストや文化を支えるアーティストを養い、結果としてジャーナリズムや文化という社会のインフラを支えてきたのです。

その流通独占によって得られる超過利潤の多くは、テレビ局が広告収入を最大の収益源としていることに代表されるように、広告収入によって賄われていたのです。

極論すれば、広告費のネットへのシフトとは、プラットフォーム・レイヤーを米国企業に独占されている国では、これまでコンテンツ部門に還元されてジャーナリズムや文化の維持に使われていた資金の多くがどんどん米国企業へと流出することに他なりません。当然ながら米国企業は他国のジャーナリズムや文化などにはまったく関心がないことを考えると、広告産業という一産業の問題を超えて、ボディブローのように諸外国の社会に深刻な影響を及ぼしかねないのではないでしょうか。

ヨーロッパでの米国支配への対抗

このように安全保障の観点、ソフトパワーの観点、更には広告ビジネスの観点から、ネット上のプラットフォーム・レイヤーを米国企業が支配することは、他国にとって問題が生じる可能性があるのです。

そうした懸念があるからこそ、ヨーロッパでは、プラットフォーム・レイヤーの米国支配に対する反発があります。米国ネット企業の植民地状態からの脱却を願っているのです。そして、その中心はフランスです。フランスは特に自国の文化と伝統を大事にする国ですので、そうした反発はある意味で当然でしょう。

フランスは2006年にドイツと共同でグーグルの覇権を打破することを目標に、国産の検索エンジンを開発する〝クエロ〟というプロジェクトを立ち上げました。発表段階では全体資金の40％を政府、60％を民間が出すということでしたので、政府のみならず民間にもプラットフォーム・レイヤーの米国支配に対する危機感が共有されていたのだと思います。

このプロジェクトからはその後ドイツが離脱し、あまりうまく進んでいないのではないかという感じもしますが、2008年にはEUが資金を拠出していますので、継続されているのでしょう。

こうしたプロジェクトを抜きにしても、フランスの関係者と話をすると官民双方から必ず、グーグルを筆頭とする米国企業のプラットフォーム・レイヤー支配に対する危機感や問題意識の声が聞こえてきます。それが正常な考え方ではないでしょうか。

もちろん、日本にまったく危機意識がないとは言いません。日本でも経済産業省が2007年に、フランスと同様に国産検索エンジンを開発しようと〝情報大航海プロジェクト〟を始めました。

しかし、心意気や問題意識は非常に正しかったのですが、経済産業省が手がけるこの手の国家プロジェクトの常で、所管するＩＴ業界の主だった企業や研究所などを満遍なく参加させるという悪平等をやってしまった結果、継続されてはいますが、あまり大きな成果は出ていません。巨額の予算が参加企業の食い扶持となって消えているだけという感もあります。

それよりも問題なのは、こうしたプロジェクト以外に、日本のネットのプラットフォーム・レイヤーでの米国企業の支配力という現実を問題視する声があがるなどの動きが、官民双方にまったくないということではないでしょうか。

むしろ日本では、ネットの話題となると出てくるのはネット評論家やネット企業といったネット関係者ばかりで、そういう人たちは米国企業のサービスを礼賛する声ばかりをあげています。しかし、それは、リアルの世界で言えば「食料はすべて輸入品でいいよねー」と言っているに等しいのです。情報が国の安全保障の根幹に関わることを考えれば、それはあり得ないのではないでしょうか。

クラウド・コンピューティング

ところで、皆さんはクラウド・コンピューティングという言葉を聞いたことがあると思います。今IT業界でもっとも流行っているバズワードですが、実はこのクラウド・コンピューティングこそ、情報の安全保障の観点からはもっとも気をつけるべきサービスではないかと思います。

詳しくご存じでない方もいらっしゃると思いますので、ちょっと説明しますと、クラウド・コンピューティングとは、これまでユーザが自分で行っていたコンピュータのハードウェア、ソフトウェアやデータの保管・管理などを、ネットの向こう側（ネット上のどこかのサーバーなど）から提供されるサービスで代替する、というものです。ユーザはたくさんの機器やソフトウェアを自分で持たなくても、ネット経由で提供されるこのサービスを利用して情報の処理ができるようになるのです。クラウド・コンピューティングは以下の3種類に分類されます。

SaaS…ネット経由でのソフトウェアの提供（メール、グループ・ウェアなど）
PaaS…ネット経由でのアプリケーション実行用のプラットフォームの提供（ユーザが自分の持つアプリケーションを配置できる）
IaaS…ネット経由でのハードウェアやインフラの提供（仮想サーバなど）

ちなみに、このクラウド・コンピューティングという言葉には、何も新しい技術的要素は含まれていません。昔からあるデータセンターのような遠隔サービスやネット上で利用可能なサービスの類いをまとめて、新たな名前を付けたに過ぎません。

そのクラウド・コンピューティングがすごいブームになっています。確かに、ユーザである企業などの組織にとっては情報投資のコストを大幅に（場合によっては90％以上も）削減できますので、導入のメリットが大きいのも事実です。

しかし、このサービスもプラットフォーム・レイヤーに属する（正確には、プラットフォームがインフラ、コンテンツのレイヤーをも取り込んでサービス化している）ことを踏まえると、ユーザの側は、導入する前によく考える必要があるのではないかと思います。

日本でクラウド・コンピューティングのサービスを提供する主要な企業は米国企業です。しかし、米国企業のクラウド・コンピューティング・サービスを利用することは、情報の安全保障の観点から本当に大丈夫でしょうか。

なぜ〝クラウド〟という言葉が入ったかというと、コンピュータ・システムを図で示す場合に、ネットワークを雲の絵で表現することが多いからです。それに象徴されるように、このサービスを利用したら、ユーザは〝雲の向こう〟の自分で制御できないブラックボックスに情報を預けることになるのです。

例えば、サービスを受けるために、雲の向こうでは幾つものサーバーなどに機能や情報が分散されているかもしれません。その場合、どれか一つに不具合が発生しただけで、サービス全体が止まってしまう可能性があるという、信頼性の問題があります。何より、情報を預けるサーバーなどがどこの国に置かれているのかが分からない場合もあります。

米国企業のクラウド・コンピューティング・サービスを利用する場合に、米国本土にサーバーなどが置かれていたら、米国愛国者法に基づいて当局が情報を見るかもしれないのではないでしょうか。他の国に置かれている場合も同じで、その国にどういう法令があるかによって、やはり情報を見られるリスクに晒される可能性があります。

そういう安全保障面でリスクが存在し得るサービスを、価格が安いからといって米国企業に依存するのは、特に政府や社内の機密情報などについては慎重であるべきではないかと思います。米国企業の派手な宣伝に乗せられてはいけないはずです。

実際、当の米国では、連邦政府がクラウド・コンピューティングのサービスを調達する場合、サービスを提供する側が守るべき要件として、米国連邦一般調達庁（GSA）のIaaSに関するRFQ（Request for Quotation）において、「データセンターの施設やハードウェアが米国本土に置かれていること」が必要と明示されています。米国内ではなく〝米国本土〟なのです。ハワイにサーバーが置かれているのではダメなのです。

この一事をもってしても、いかに情報を扱うサービスについては安全保障の観点が重要かが分かるのではないでしょうか。

また、米国の州政府や市政府などでもクラウド・コンピューティングのサービスを導入する例が増えていますが、例えば2009年にカリフォルニアのロサンゼルス市がグーグルの提供するクラウド・サービスを導入しようとしたときには、プライバシー、セキュリティ、情報の機密性の維持の観点から本当に安全なのかという議論が地元で高まり、市民団体が市政府にまずリスク・アセスメントをしっかりと行うよう要求しました。ロサンゼルス市警察署も、情報の機密性についての懸念を表明しました。

これらの例と比べると、日本は、行政や民間、更にはネット評論家の類いの人も含め、クラウド・コンピューティング・サービスをあまりに無邪気に受け入れ過ぎているように思います。

プラットフォーム・レイヤー全般について言えることではあるのですが、特にクラウド・コンピューティング・サービスについては、それを供給する日本企業がもっと競争力を高めて市場シェアを獲得し、日本国内に置かれているデータセンターや機器などを使ってサービスが提供されるようになることを期待したいと思います。

賢い米国

本章で説明してきたことをまとめると、今や世界の主要国で、ネット上のプラットフォーム・レイヤーが米国のネット企業によって席巻されています。日本では、検索サービスは米国企業の独壇場となっていますが、SNSではミクシィやDeNAなどの国内企業が健闘しているので、まだ良い方かもしれません。ヨーロッパには、プラットフォーム・レイヤーの主要なサービスすべてが米国企業に席巻されてしまった国が幾つもあります。

　こう言うと、ネット上は国境が存在しないグローバルな世界であり、そこでの自由競争、実力勝負の結果が米国企業の一人勝ちなのだから、やむを得ないと思われる方も多いと思います。

　しかし、個人的にはそういう考え方に賛同できません。ネット上には国境が存在しないなんて虚構です。第1章で説明したように、確かにプラットフォーム・レイヤーには国境は存在しませんが、コンテンツ・レイヤーに目を向けると国境だらけです。

　米国のネットワーク局は、今や最新のドラマなどの人気番組の90％をネット上でも提供していますが、それらをネット上で見られるのは米国内にいる人だけです。日本からアクセスしようとしても拒否されます。パソコンのＩＰアドレス（ネット上の住所）に基づいてアクセスをコントロールしているのです。

　これは、海外では時間差を置き現地テレビ局やＤＶＤなどに同じ番組を提供して稼ぐためなのですが、結果的にネット上にも国境ができているのです。リアルの世界では国家が国境を設定しているのに対し、ネット上では民間が勝手に設定しているという違いだけです。

かつ、コンテンツ・レイヤーでは国境を設定できるけれど、プラットフォーム・レイヤーでは設定してはいけない、というルールなども当然ありません。米国企業は、ネット上では非常に都合良く振る舞っているだけなのです。プラットフォーム・レイヤーとコンテンツ・レイヤーでは行動原理が全然違います。ビジネス的には当然の対応なのですが、賢いなあと思わざるを得ません。

このような対応をしていれば、米国のネット企業とコンテンツ企業の双方にとって、収益は最大化できるでしょう。しかし、その他国への弊害は中長期的にかなり大きいはずです。少なくともリアルの世界でネットのプラットフォーム・レイヤーと同じことが起きたら大騒ぎになるのは間違いないですし、ネットが社会や生活に浸透すればするほど、その弊害は大きくなるはずです。

日本はどうすべきか

それでは、このようなプラットフォーム・レイヤーにおける米国ネット企業の帝国主義的展開と、その結果としての米国支配というリアリティを踏まえ、日本はどう対応すべきでしょうか。

米国	売上	営業利益
● グーグル（検索）	2兆3千億円	6千億円
● アマゾン（eコマース）	1兆9千億円	8百億円
● アップル（コンテンツ配信）	3兆6千億円	8千億円
日本	**売上**	**営業利益**
● 楽天（eコマース）	2500億円	500億円
● DeNA（SNS）	376億円	158億円
● ミクシィ（SNS）	121億円	38億円
● グリー（SNS）	139億円	83億円

表14　プラットフォーム企業の日米比較（2008年）
（出典：総務省資料）

日本のプラットフォーム企業を見ると、検索サービスは弱く、国産勢で最大シェアはインフォシークの僅か2・2％です（2009年1月のコムスコアのデータ）。しかし、SNSやeコマースでは十分に健闘しており、国内市場で大きなシェアを獲得している他、海外進出も始めつつあります。それでも、主だった日米のプラットフォーム企業の売上高と営業利益を比較すると、表14のように圧倒的な差をつけられています。

それでは、このような状況で日本はどうすべきでしょうか。プラットフォーム・レイヤーが四つのレイヤーの中でもっとも成長性が高いことを考えると、ベンチャー企業をはじめとする日本の民間に頑張ってもらうのが一番です。

その際、世界のネット市場で今後最大の成長が期待されている携帯ネットでは、現状で日本が世界最先端であることに特に留意すべきではないでしょうか。携帯ネットでのページ・ビューの数で日本は世界一ですが、携帯ネットのプラットフォーム・サービスを牽引しているのは、DeNAやミクシィ、グリーといった日本企業なのです。携帯ネットの分野でなら、日本発のサービスがアジアをはじめとした海外市場で米国ネット企業と互角に戦うことも、夢ではないのではないでしょうか。

もちろん政府の側にもやるべきことは当然あります。リアルの世界で輸入品が日本市場を席巻した場合、政府は通常関税などによる輸入制限か、外資規制か、または自国企業に対する産業政策的な支援といった措置を取ります。ネット上のプラットフォーム・レイヤーについても、それらに類似した対応を検討してみても良いのではないでしょうか。

産業政策的な対応としては、ベンチャー企業などの民間の取り組みを支援することが考えられます。〝情報大航海プロジェクト〟のような政府お得意の失敗必定な技術開発は止め、自力でリスクを取って頑張ろうとするところに政府自ら投資するような形の方が望ましいのかもしれません。

これに対し、輸入制限や外資規制のような対応はネット上では困難でしょう。ネットの自由を妨げ、ネットワーク効果（多くのところにつながっていればいるほど、サービスの効用が高まること）の発揮の障害となるからです。

それでも、需要サイドであるユーザ側に働きかける形でソフトな〝ネット鎖国〟やネット上での国境の設定といった対応ができないものか、と非現実的なことを考えてしまいます。ネット上の自由は尊重するけど、外国のプラットフォーム企業のサービスを利用したら、日本の国産サイトも使わないといけない、というような規制を導入するのです。

もちろん、そうした対応は現実的には難しいでしょう。しかし、ネットというリアルと常識の異なる空間の影響力がこれだけ大きくなり、そこでの米国支配が明確である以上、政府は、リアルの常識と異なる政策を考えるべき段階に来ているのかもしれません。

第4章　米国の思惑と日本が進むべき道

第1節 グーグル・ブック検索

これまでのまとめ

これまでの説明をまとめますと、ネット上では、コンテンツ・レイヤーに位置するマスメディアやコンテンツ企業がプラットフォーム・レイヤーのネット企業に搾取され、同時にプラットフォーム・レイヤー上は米国ネット企業の帝国主義的な世界展開による一人勝ちという状態になっています。今起きているのは、米国ネット企業による世界のマスメディアやコンテンツ企業の搾取と、その結果としてのジャーナリズムや文化の衰退なのです。悪く言えば、米国ネット企業による世界のネットのコンテンツ・レイヤーとプラットフォーム・レイヤーの植民地化です。

プラットフォーム・レイヤーによるコンテンツ・レイヤーの搾取とは、単純化して言えば、各国のネット上の四つのレイヤーにおいて、プラットフォームが上位のコンテンツをどんどん取り込んでいることに他なりません。レイヤー上での縦への展開です。

一方で、帝国主義的な世界展開というのは、グーグルなどの米国ネット企業によるプラットフォームという単一レイヤーでのグローバルな横への展開に他なりません。

このように、プラットフォーム・レイヤーの米国ネット企業の猛威には凄まじいものがありますが、縦への展開と横への展開の両方の要素を兼ね備えた動きも起きています。それが、グーグル・ブック検索なのです。

騒動の経緯

グーグル・ブック検索とは、書籍の全文をデータベース化して、検索を通じてユーザが興味・関心に合った本を見つけられるようにするサービスです。検索結果の表示方法としては、

- 著作権が消滅している場合や出版社／著者の許諾のある場合は、本の全文を表示
- 出版社／著者の許諾がある場合には、書籍の数ページや、検索したキーワードを含む文章の一部
- 出版社／著者の許諾を得られない場合、本に関する基本情報のみ（中身自体は閲覧できない）

といったバリエーションがあります。

経緯を整理しておくと、グーグルは2005年にハーバード大学など五つの図書館と提携して、図書館の蔵書のデジタル化（スキャン作業）を始めました。今や提携先の図書館の数は全世界で30近くにまで増え、図書館とは別に出版社と提携して提供されたものを含めると、合計で約1000万冊に及ぶ蔵書がデジタル化されていると言われています。

しかし、2005年にデジタル化を始める前の段階で、全米作家協会と全米出版社協会が、デジタル化は著作権侵害に該当するとしてグーグルを提訴しました。蔵書をスキャンしてデジタル化することは著作物の複製に該当するので、著作権が切れてパブリック・ドメイン（公共財産）になったもの以外の書籍の複製を著作権者の許諾なしに行うことは、著作権者の複製権を侵害すると主張したのです。

これに対してグーグルは、図書館の蔵書をスキャンして貯蔵し、その一部を閲覧できるようにすることは、著作権法上認められているフェアユースに該当すると抗弁しました。

ところで、この訴訟は〝集団訴訟〟（クラス・アクション）という形で起こされました。集団訴訟というのは米国独自の制度で、公害など共通の損害を受けている被害者が多数存在する場合に、被害者が一度に救済されることを可能にしています。原告は、すべての被害者から委任を受けていなくても被害者全員を代表することができますし、訴訟に対する判決の効果もすべての被害者に及ぶのです。

この集団訴訟で訴えた側と訴えられた側が和解する場合は、両者で作成した和解案について裁判所の許可が必要なのですが、グーグル・ブック検索については2008年10月にその和解案が作成・公表されました。

ここで事態をややこしくしたのは、ベルヌ条約という著作権に関する国際条約です。この条約は各加盟国に対して、自国の著作権者と同等の権利を他の加盟国の著作権者に付与することを義務づけています。そして、日米欧ともにこの条約に加盟しているので、日本やヨーロッパなどの著作権者は、米国内では米国人の著作権者と同等に扱われることになります。

グーグル・ブック検索を巡る訴訟では、この集団訴訟とベルヌ条約の両方が関係する結果、図書館の蔵書の中に含まれている相当数の日本やヨーロッパなど米国以外の著者／出版社の書籍にも和解案が適用されることになりました。和解案が公表された2008年10月時点でその事実が初めて明らかになったため、対岸の火事と呑気に構えていた世界中の関係者が大騒ぎになり、メディアでも大きく報道されたのです。

和解案の問題点

この和解案の概要は以下のとおりです。

・書籍の内容の表示については、プレビューでの無償利用は書籍の最大20％までで、小説の最後の5％または15ページは表示しない。また単語検索での表示は一書籍について最大3〜4行を3カ所とする。
・書籍の権利者は、その書籍の利用から生じる売上げ（講読料、広告収入など）の63％を受け取ることができる。
・和解を受け入れた権利者は、著作物1点につき60ドルの補償金を受け取ることができる。
・書籍の権利者は、何も通知しなければ自動的に和解参加とみなされ、参加を拒否する場合は通知をすることが必要となる。
・グーグルから支払われる利益を徴収して著作権者に配分するための〝版権レジスト

リ"（音楽著作物の使用料の徴収と配分を行う日本音楽著作権協会（JASRAC）と同様の著作権管理業務を、デジタル化された書籍について果たす組織）を設立する。

一読してお分かりいただけるように、デジタル化された書籍を使ってグーグルがネット上でビジネス展開することを前提に、かなり具体的な取り決めを行っています。しかし、この和解案にはたくさんの問題点があります。

第一に、この和解案は、平たく言えば、図書館という公共の用のためならと協力した権利者に対して唐突に、決められた条件でビジネスのプラットフォームに乗りなさい、イヤならその意思表示をしなさいと言っているに等しいのです。騙し討ちに近い感じもします。

そもそも権利者の立場に立つと、自分の書籍が図書館に置かれ、そこでユーザが複製することは、著作権法上も認められているし、かつ自分の収入には結びつかなくても公共のためになるので、仮に許諾が必要だとしても無条件で認めるはずです。

しかし、それがデジタル化されてビジネスのために使われるとなると、図書館という公共の用途とはまったく別問題になりますので、それについては別の許諾を取ってほしいというのは、複製権という権利の主張を離れても当たり前ではないでしょうか。図書館に置かれることとビジネスに使われることはまったく別の次元だからです。

第二に、通知をしない権利者は和解に参加とみなされ、和解案のような事実上の商業利用に向けたビジネス・ディールへの参加がイヤな場合は通知しないといけない（オプトアウト方式と言います）、つまりデフォルト状態では参加が前提というのは、図書館という公共のために協力した善意の権利者を裏切るような、ひどい対応だと思います。

第三に、いくらベルヌ条約が存在するからといって、米国の国内制度である集団訴訟の対象に海外の権利者まで巻き込まれないといけないのでしょうか。米国のやり方こそがグローバル・スタンダードだという米国人の思い上がりを海外に押し付けているに過ぎません。

ただ、そうした問題点もさることながら、より大きな問題点が二つあります。一つは、新聞の場合と同様にフェアユース規定を金科玉条にして、プラットフォーム・レイヤーがコンテンツ・レイヤーを自分のビジネスのために犠牲にしようとしている、悪く言えば文化を搾取しようとしていることです。

もう一つは、米国に設立される版権レジストリという組織が他国の作者の著作権まで管理しようとしていることです。通常、著作権は国毎に管理されていますので、著作権管理団体も国毎に置かれています。これはネット上での著作権の処理についても適用されています。それにも拘わらず、集団訴訟とベルヌ条約の組合せによって他国の著作権者にも和解案が適用されてしまうということを奇貨として、突如として書籍の著作権に関する世界共通の管理機構を作ろうとしているのです。

これら二つの点を考え合わせると、グーグルは和解案を通じて、書籍という上位レイヤーに位置するコンテンツの取り込みとそのグローバル・レベルでの展開を一気に実現しようとしているように見受けられます。これには、第2章で説明した縦への展開と、第3章で説明した横への展開の両方の要素が入っています。その意味でも、グーグル・ブック検索という取り組みは重い意味を持っていると思います。

ネット寄りの評論家の中には、グーグル・ブック検索に賛同しない権利者はバカだ、自分の著書がネット上での情報の洪水に埋もれるだけである、という趣旨の批判をする人がいますが、それは結果論に過ぎません。ビジネスの常識にもとるグーグルの行動は、そのような理屈では正当化できないのではないでしょうか。

その後の顚末

実際、諸外国の書籍の権利者の対応を見ると、著者も出版社も怒って強く抗議しました。その延長で、和解案への異議申し立ての提出期限であった2009年9月までに、フランスやドイツをはじめとする様々なヨーロッパ諸国の政府も抗議の意見表明を行いました(日本政府は同意とも反対とも明確に言わないふにゃふにゃの意見表明しか行わず、情けない限りでしたが……)。

こうした諸外国の反応を見てか、10月になって米国政府も動き出しました。連邦取引委員会(米国の公正取引委員会)は、グーグルが書籍に関する消費者データを利用することに対する懸念を表明しました。そして、司法省は、和解案には独禁法上の問題(著者不明の書籍のデジタル化をグーグルだけが行える)をはじめとする様々な問題があると指摘した上で、裁判所に和解の修正を指示しました。

その結果、11月に修正和解案が裁判所に提出されました。そこでは、和解の対象を英語(米国、英国、オーストラリアなど)の書籍に限定したので、英語以外の外国書籍は対象から外れました。従って、日本の権利者は取り敢えず安心できるのですが、米国内について言えば、著者不明の書籍についてはグーグルが他社との競争上優位な立場に立ち得るという、司法省が指摘した問題などが解決されておらず、まだ今後も暫くは混乱が続きそうです。

騒ぎの教訓

グーグル・ブック検索を巡る一連の騒ぎについて、メディアでも様々に論評されていますが、本質的な教訓は何でしょうか。

重要なのは、著作権法のフェアユース規定が、いかにプラットフォーム・レイヤーがコンテンツ・レイヤーを搾取するのに貢献しているかを改めて証明した、ということです。グーグルがフェアユース規定を根拠にコンテンツの自由な利用を主張したのは、これが初めてではありません。既に説明しましたように、新聞社がネット上で公開しているニュースを検索結果に表示する段階でも同じことを行っているのです。ある意味、テキストのコンテンツのうち新聞は取り込み終えたので、書籍が次のターゲットになったとも言えます。

もちろん、米国内の書籍の権利者は集団訴訟という、形はともかくとして和解案をグーグルと一緒に作成しましたので、ブック検索は一方的な搾取ではありません。しかし、それでも、本来複製権は権利者が許諾する、つまりイエスかノーかを言える権利なのに、和解案は「カネを払うから了解しなさい。イヤなら申し出なさい」という内容でしたので、ブック検索では著作権法上権利者が有する複製権の性質を、許諾権から一段格下の権利である報酬請求権に格下げしようとしているように見えます。

次に重要なのは、あまり注目されていませんが、版権レジストリを設立することで世界共通での著作権管理を行おうとしていた、ということです。これが実現したら、著作権に関する法体系のパラダイムを変える世界初の取り組みになるところでした。

その是非はともかくとして、またグーグルの本音での意図がどうであったかはともかくとして、結果的には、そうした組織の設立を通じてグローバル・レベルでのプラットフォーム・レイヤーによるコンテンツ・レイヤーの取り込みを企図したと見られても仕方がないのではないでしょうか。

加えて言えば、取り敢えず日本の書籍はグーグル・ブック検索の対象からは除外されましたが、それでは日本は今後どうするのかということも問題になります。ネットが当たり前の時代、特にアマゾンのキンドルなどの電子ブック・リーダーが普及し始めたことを考えると、書籍のデジタル化について日本としてどう対応していくかは、ビジネスのみならず文化の継承という観点からも重要です。

この点については、たくさん存在する出版社がまとまって行動するのは難しいと思いますので、日本でもっとも書籍が集積されている国立国会図書館のようなところが、国益の観点から最適な形で行動を始めるのが望ましいのではないでしょうか。

インフラ・レイヤーも犠牲の対象

ここで、ネット上でのプラットフォーム・レイヤーの猛威という構造を理解していただくために、プラットフォーム・レイヤーによる縦への展開の対象はコンテンツ・レイヤーだけではないということを紹介しておきたいと思います。インフラ・レイヤーをも自己の利益の犠牲にしようとしているのです。それが〝ネットワークの中立性〟（〝ネット中立性〟）の議論です。

米国では2005年くらいから、グーグルやヤフーなどのプラットフォーム・レイヤーのネット企業とインフラ・レイヤーの通信事業者の間である対立が始まりました。2005年というと、ちょうどネット利用が急速に普及し出した時期で、ネット・ユーザの数が増えるほど、そして動画などの容量の大きなコンテンツのやり取りが増えるほど、ネットを支えるインフラである通信網の混雑が激しくなってきました。

そこで、通信事業者は、大量のコンテンツをネット上で流通させるために通信網の帯域幅を大量に占有するネット企業がインフラに〝ただ乗り〟しているとして、それ相応の高額の負担を求めるようになったのです。そうしないと、通信事業者は利益をあげられないし、次世代通信網（NGN）の構築のための投資もできないからです。その意味で、誰が光ファイバー網やNGNの構築のコストを負担するかが問題になったのです。

この主張に反対するネット企業側の論理が〝ネット中立性〟であり、通信事業者が決めた割増料金を払わないとネット接続サービスの質が低下するか、ネット接続を切断されるリスクがあるとして、政府に対して、通信事業者に機会均等の義務と料金規制を課すことを求めました。

以上の説明からお分かりいただけるように、ネット事業者はコンテンツ・レイヤーのみならずインフラ・レイヤーをも犠牲にして、プラットフォーム・レイヤーの一人勝ちを続けられる環境を整えようとしているとしか思えません。

もしネット中立性が制度として貫徹してしまうと、インフラ・レイヤーを担う通信事業者やCATV事業者は、「とにかく情報を流す土管の仕事だけに徹していろ」と言われたようなものです。そのような環境では、通信事業者などは、自社のサービスを差別化して需要を喚起するようなビジネスを展開できなくなります。更には、NGNなどの最先端のインフラ整備を続けるインセンティブも著しく低下し、インフラ・レイヤーへの投資も減少しかねません。

第2節 米国の戦略と野望

ワシントンの思惑

このようにプラットフォーム・レイヤーの米国ネット企業の暴れぶりには凄まじいものがありますが、それでは米国政府はシリコンバレーのネット企業の動きをどう捉えているのでしょうか。

結論から言えば、間違いなく米国政府は、シリコンバレーのネット企業の活躍を全面的に応援していると思われます。その理由は幾つかあります。第一に、ICT(情報通信技術)分野は米国産業の中で数少ない成長産業の一つであると同時に、米国内の他の産業や企業、個人の生産性を向上させるからです。第二に、グーグルなどのネット企業が実現したように、ネット関連の産業においては米国が世界を制覇できる可能性が高いからです。

そうした米国政府のスタンスは、二度のネット・バブルの頃もさることながら、今は特に強いと考えざるを得ません。米国が経済危機後も景気低迷に喘ぐ中で、米国経済を牽引する救世主になれそうな産業の筆頭に位置しているからです。

オバマ政権の景気対策での位置づけ

米国の産業全体を見てみますと、自動車産業の凋落《ちょうらく》に代表されるように、今や製造業は国際競争力を失い、サービス産業が新たな付加価値の担い手、新たな雇用創出の原動力となっています。その中でも抜群の国際競争力を誇ってきたのは、何と言っても金融とICTの二つです。

しかし、2008年秋のリーマン・ショック以降、金融に多くを期待することはできなくなりました。かつ、経済危機からの回復が未だ途半ばである中、オバマ政権は、政府支出により需要の下支えを行いながら、国内の過剰消費の是正というマクロ経済バランス調整と、米国経済を牽引する成長産業の創出に取り組まなくてはなりません。そして、成長産業としては環境とICTに期待し、雇用創出の場としてはヘルスケアや教育などのサービス産業に期待しているように見受けられます（実際、2008年は製造業と建設業では150万人が失業しましたが、ヘルスケアで37万人、教育で16万人の雇用が創出されています）。

そして、ICT以外の環境、ヘルスケア、教育といった分野を伸ばすに当たっても、ICTの働きに期待するという構図になっています。それは、オバマ政権が2009年2月に策定した総額7800億ドル（70兆円）にも及ぶ景気対策からも明らかです。

この対策はグリーン・ニューディールと呼ばれることが多いのですが、環境関連ではスマート・グリッド（電力会社からユーザへの一方向の送電だけではなく、ICTを活用した機器やソフトウェアを組み込むことにより、太陽光発電などを導入したユーザと双方向で電力をやり取りし、電力の需給調節が可能となる次世代の送電網）の開発と整備、ヘルスケア関連では全米のカルテの電子化の推進（現状では全米の医者の17％しか電子カルテを利用していない）と、ICTを活用した取り組みが重視されています。

また、対策では諸外国に比べて遅れているブロードバンド・インフラの地方での整備にも予算が手当てされています。

予算以外での後押し

これらの予算措置は、どちらかと言えばシリコンバレーのベンチャーの新しい活躍の場を作るという要素が強いのですが、予算措置以外の政策ではより明確にプラットフォーム・レイヤーのネット企業を後押ししています。

例えば、グーグル・ブック検索に関する米国政府の対応がそれを明確に物語っています。グーグルと著作権者との和解案の修正が裁判所（ニューヨーク州南部地区連邦地裁）で議論されている最中に、裁判所の求めに応じて米国政府の司法省が２００９年９月に意見書を提出していますが、その中では以下のような意見が述べられています。

「和解案は一般大衆の目に触れない何百万冊もの書籍を生き返らせるものである。絶版本の著者を明確にする版権レジストリの設立も歓迎すべき展開である。」
「本件に関する適切な和解によって重要な社会的便益が生まれることを考えると、政府はその機会や勢いが失われることを望まない。」
「グーグルはこのプロジェクトを、誰もが歴史・文化の偉大な作品を探索できるツールを持てるようにする、という前提で始めた。和解案がどのように修正されようと、このアプローチは引き続き重要である。」

全32ページにわたる意見書では、権利者の保護や海外の著作権者への配慮などの様々な意見も述べてはいるのですが、ここで引用したこれらの文言から、米国政府の本音として、グーグルなどのシリコンバレーのネット企業に、経済危機後も景気低迷に苦しむ米国経済復活の救世主となってほしいと願っていることは明らかではないでしょうか。

また、既に説明したように、ネットワークの中立性を巡る議論においても、米国政府は同様にプラットフォーム・レイヤーのネット企業を後押ししようとしています。

米国政府内では、通信・放送の規制を司る独立行政委員会であるFCC（連邦通信委員会）という組織がこの問題も担当しています。FCCはこの問題について、2005年の段階で「ブロードバンド普及を促進し、公共インターネットの開放性と相互接続性を維持・促進するための4原則」（ネット中立性4原則）という政策声明を発表しています。その内容は以下のとおりです。

・消費者は、自らの選択によって合法的なインターネット上のコンテンツにアクセスす

る権利を有する

・消費者は、法の執行の必要性に従いつつ、自らの選択によってアプリケーションやサービスを享受する権利を有する

・消費者は、自らの選択によってネットワークに損傷を与えない合法的な端末装置を接続する権利を有する

・消費者は、ネットワーク・プロバイダ、アプリケーション&サービス・プロバイダ、コンテンツ・プロバイダ間の競争を享受する権利を有する

この政策声明の文言から明らかなように、2005年時点でネット中立性という観点からFCCが目指していたのは〝消費者〟の利益の確保でした。消費者の利益の観点から、インフラ・レイヤーの通信事業者などの差別的な行為を禁じてきたのです。

ところが、2009年9月になって、FCC委員長はネット中立性4原則に次の二つの原則を追加することを発表しました。

・ブロードバンド・サービス事業者は、特定のインターネット上のコンテンツやアプリ

ケーションを差別することはできない。即ち、ネットワーク上の合法的なトラフィックをブロックしたり、通信品質を落としたら、あるいは特定のコンテンツやアプリケーションを優遇することはできない

・ブロードバンド・インターネット・アクセス事業者は、ネットワーク管理方法について透明でなければならない

要は、二つの原則を通じて、通信事業者はネット上の特定のコンテンツやアプリケーションを差別してはいけないと明示したのです。

この二つの原則が追加された背景には、映像コンテンツなどを交換するピアツーピア（P2P）ファイル転送サービスなど、大容量のデータのやり取りが激増して、ネットワークの混雑（速度の低下）がいよいよひどくなったことに対し、一部のインフラ・レイヤーの事業者が、特定のアプリケーションなどについてネットワーク上でのデータの優先順位を下げたり（伝送速度が遅くなる）、データ通信量の上限を設定したりしたことがあります。そうした動きに対するFCCの対応が、新たな二つの原則なのです。

この二つの原則からもっとも利益を得るのは誰でしょうか。最初の4原則とは異なり、

直接的にはまずプラットフォーム・レイヤーのネット企業にとってのメリットが大きいと考えざるを得ません。新たに加えられた2原則は、インフラ・レイヤーの事業者の犠牲の上にプラットフォーム・レイヤーのネット企業を繁栄させるという方向性を目指しているとしか考えられないのです。

かつ、この二つの原則が発表された後、オバマ大統領はその内容と方向性を歓迎するコメントを出しています。

当然ながらインフラ・レイヤーの通信事業者やCATV事業者がネット中立性に反対していたことを考えると、米国政府としては、通信事業者などよりもネット企業に味方した、と判断せざるを得ません。

シリコンバレーと米国民主党の蜜月

このように、オバマ政権の米国政府は明らかにシリコンバレーのネット企業を優遇して米国経済の救世主にしようとしていますが、その背景として、米国民主党がシリコンバレーと蜜月関係にあることを指摘できます。

かつてのシリコンバレーの経営者たちは、どちらかというと共和党寄りでした。自由なビジネス環境を求める風土が、共和党の〝小さな政府〟という政治思想と符合したからです。

しかし、1980年代後半から90年代前半、まだインターネットが普及する前の頃のシリコンバレーは、コンピュータや半導体の分野で日本や韓国の台頭に喘いでおり、政治への働きかけを強めていました。

そうした中、当時のブッシュ大統領（父）がこの分野にあまり関心を示さなかったため、シリコンバレーは情報スーパーハイウェイ構想を掲げて1992年の大統領選に臨んだクリントン－ゴアへの支持を強めました。これが、シリコンバレーと民主党との関係が深まるきっかけになりました。

ここで面白いデータを紹介しましょう。米国のCenter for Responsive Politicsというシンクタンクのデータによると、コンピュータ／インターネット産業の政治献金の総額に占める民主党と共和党の割合は、民主党のクリントン大統領の時代（1993～2001年）、共和党のブッシュ大統領（息子）の時代（2001～2009年）の前半までは、拮抗しているか共和党優位のときが多いのです。

ところが、ブッシュ大統領時代の中盤である2004年以降は、民主党への献金の方が一貫して多くなります。オバマ大統領を生んだ2008年の大統領選の際には、民主党への献金は共和党への献金の2倍になりました。〝コンピュータ／インターネット産業〟の定義が不明なのですが、その大半はシリコンバレーにあると思われますので、2004年頃からシリコンバレーと民主党との本格的な蜜月関係が始まったと推察できます。

ここで2004年がどういう年だったかを思い出してください。グーグルの株式上場が行われた年であり、第2次ネット・バブルが始まった年です。2004年以降の民主党との蜜月関係の主役は、プラットフォーム・レイヤーを主戦場とするグーグルなどのネット企業なのです。

実際、グーグルCEOのシュミット氏はオバマの大統領選挙戦のアドバイザーを務めました。2009年には、グーグルのシュミットCEOとマイクロソフトの最高研究戦略責任者のムンディ氏が大統領科学技術諮問委員会のメンバーに指名されました。更に、グーグルの国際公共政策担当ディレクター、平たく言えばグーグルのロビイストが米国政府の副CTO（最高技術責任者）に起用されました。

ついでに言えば、オバマ自身、大統領選のみならず大統領就任後もウェブサイトやSNSなどを政治的に有効に活用していますが、これも当然シリコンバレーのサポートがあるからです。例えば、大統領選の際にオバマ旋風を巻き起こすきっかけとなったウェブサイト（My.BarrackObama.com）は、フェイスブックの共同創業者の一人であるクリス・ヒューズ氏が中心になって構築しています。

これらの事実から推測すると、民主党、特にオバマ政権とシリコンバレーの蜜月関係が強固であることは間違いなく、オバマ大統領がＩＣＴ産業を米国再生に活用し、プラットフォーム・レイヤーのネット企業の一人勝ちと世界制覇を後押ししているとしても、不思議ではありません。

そして、そこから得られる結論は明白です。プラットフォーム・レイヤーの米国ネット企業は、オバマ政権の後押しも受けて、コンテンツ・レイヤーとインフラ・レイヤーという上下のレイヤーを犠牲にして、世界のプラットフォーム・レイヤーを制覇しつつ、自己の収益の最大化を図ることでしょう。

第3節　ネット上のパラダイムシフトの始まり

反乱の始まり

しかし、そうしたプラットフォーム・レイヤーによる搾取とも言える行動に対して、コンテンツ・レイヤーの企業や諸外国の政府が黙っている訳ではありません。

既にコンテンツ・レイヤーの側の反乱が始まっています。ヨーロッパの幾つかの国でも反乱が始まっています。ここでは、それらの動きを概観したいと思いますが、その際ぜひ注意していただきたいのは、表面的な事象や行動のみを見て、〝ネットの自由を妨げる抵抗勢力〟〝時代遅れの産業が既得権益を維持しようとしている〟といったステレオタイプな見方になってはいけない、ということです。

それらの反乱の表面的な思惑としては、もちろん企業の収益・存続といった自己保身の要素も指摘できます。しかし、それらの動きの根底には、プラットフォーム・レイヤーの搾取によって衰退しつつあるジャーナリズムや文化を守るという使命感、自国のプラットフォームを米国ネット企業が牛耳る現状を何とかしたいという国益が存在することも事実なのです。

そうした本質的な部分を見落としては、正しい形でネットが社会と共存できる方向性は見えなくなると思います。

ジャーナリズムの反乱

米国では、2009年の春から新聞業界の反乱が始まりました。そのきっかけは2008年秋からの経済危機です。

これまで説明したように、どの新聞社も1990年代後半以降、ネットの普及に伴い読者と広告の両方が急速にネットにシフトし、経営状況は苦しくなっていました。そこで、第2次ネット・バブルの際に、ウォール・ストリート・ジャーナルなどの一部新聞を除き、こぞって無料モデルによるネット進出を強化しました。

しかし、これも既に説明したようにその結果は惨憺たるものでした。ウェブサイトから得られる広告収入は紙の広告収入の10分の1程度しかなく、とても収益の改善に貢献するレベルではありませんでした。一方で、無料で公開されている新聞記事を複製して検索結果に取り込んでいるグーグルなどの検索サイトは、年々収益を増大させていました。

そこにリーマン・ショックを契機とした経済危機が起き、新聞社の紙からの収益は一層悪化し、加えて、ネット広告の市場全体も減少に転じたため、ネットからの広告収入も減少したのです。

そこで、このままでは新聞産業全体が崩壊してしまうという危機感を募らせた米国の主要紙の幹部が、２００９年4月に非公式に集まり、ネット上でのビジネスモデルの無料モデルから課金モデルへの転換を議論したのです。

それ以降、ニューヨーク・タイムズなどの主要紙が、ネット上での課金モデルの導入に向けた検討を始めていますが、その中でも急先鋒は、ウォール・ストリート・ジャーナルなど米英豪の新聞を傘下に持つ英語圏最大の新聞社ニューズ・コーポレーションです。そのトップである新聞王ルパート・マードックの公の場での発言が、新聞業界の問題意識を端的に表しているので、その一部を紹介しましょう。

「ネット上での無料コンテンツの氾濫が新聞のビジネスモデルを破壊している。無料コンテンツから儲けているのは検索サービスだけだ。」

「ユーザはあらゆるコンテンツを無料で享受することに慣れてしまったが、それは変わらなければならない。」

「クオリティ・ジャーナリズムはコストがかかる。無料でニュースを提供し続けたら、優れたニュースを作る能力を崩壊させるだけだ。」

「デジタル革命はたくさんの新しい安価な流通経路を開いたが、コンテンツを無料にした訳ではない。」

こうした考えに基づきニューズ・コーポレーションは、傘下の新聞のウェブサイトすべてを2010年夏までに課金制に変更すると宣言しました。

また、同社は、グーグルが彼らのニュースを複製して検索結果に取り込むことで儲けているのに、フェアユース規定を根拠に対価を払わず収益をシェアしないのはおかしいとの問題意識から（検索サービス全体ではなく、米国の検索トップのグーグルが明示的な標的になっています）、グーグルの検索結果に同社の新聞記事が掲載されないようにしようとしています。一方で、マイクロソフトの検索サービスであるビング（Bing）の検索結果には、対価の支払いを前提に新聞記事の掲載を許諾するという交渉を進めています。

つまり、ニューズ・コーポレーションは、傘下の新聞社のウェブサイトを有料課金という城壁（“pay-wall”）で囲うと同時に、プラットフォーム・レイヤーの検索サイトに対しても、検索結果に記事を表示するためには複製の対価を支払うよう要請しているのです。その意味では、ネット上でフェアユース規定に依存して儲けるプラットフォーム・レイヤーへの宣戦布告と捉えることもできます。ネット上の常識とビジネスモデルのパラダイムシフトを起こし、コンテンツ・レイヤーとプラットフォーム・レイヤーの間の収益配分を適正化しようとしていると評価できるのです。

その目的は、自社の新聞の収益性の強化でしょう。しかし、ジャーナリズムがネット上でも正当に対価を払われるようにしなければいけない、ジャーナリズムの担い手である新聞が滅ぶ訳にはいかないという、プロのジャーナリストとしての矜持《きょうじ》も存在することを忘れてはいけません。

これ以外にもニューヨーク・タイムズなどの様々な新聞がネット上での課金モデルの導入を検討しています。２００９年の時点では五紙くらい（Wall Street Journal, Financial Times, Newsday, Consumer Reports, Arkansas Democrat-Gazette）しか課金モデルを採用していないことを考えると、無料モデルが主流となっているネット上の風景がこれから様変わりするかもしれません。

もちろん、課金モデルが成功するかどうかについては懐疑的な声が多いのも事実です。ネット上には無料のニュースが溢れているからです。ウォール・ストリート・ジャーナルのように金融という特定の分野のニュースで抜群の評価と信頼を得ているところならばともかく、一般的なニュースだと他の無料のニュースに流れるだけと言われています。

しかし、少なくともネット上でのニュースの有料化の取り組みは、ネット上でのコンテンツのビジネスモデルが今後どうなっていくか、ジャーナリズムは今後どのように維持されるべきかを占う大事な試金石となるはずです。もしかしたら今年（2010年）はネットの有料化元年となるかもしれないので、その帰趨《きすう》を見守っていく必要があるのではないでしょうか。

グーグルの妥協

ニューズ・コーポレーションの強硬姿勢を受けて、グーグルも行動を起こしました。グーグルの検索結果ページ経由での新聞記事の閲覧（フリー・アクセス）を、新聞社の側で一人当たり一日5回までに制限できるようにしたのです。

ここで面白いのはグーグル側の発言の変遷です。これまではマードックの発言に対して

「検索サービスは、新聞サイトへの訪問者数の増大に貢献している」とだけ反論してきました。実際、米国では新聞サイトへの訪問者数の30％がグーグル経由なのです。しかし、検索サービスのライバルであるビングとニューズ・コーポレーションの交渉が明らかになると、アクセス制限の発表に際して「質の高いコンテンツを作るのは大変だし、多くの場合コストがかかることを認識している」旨の発言も加わりました。マードックに対して、ある程度妥協したのです。

即ち、コンテンツ・レイヤー（ニューズ・コーポレーション）の〝コンテンツは無料ではない〟に対し、プラットフォーム・レイヤー（グーグル）は〝無料に限度を設ける〟とまで譲歩したのです。両社の温度差はまだ大きいですが、〝無料〟というビジネスモデルを作り出したウェブ2・0のシンボルでもあるグーグルの譲歩というのは、非常に象徴的ではないでしょうか。

もちろん、〝無料〟の変革は大変です。一部の新聞社が有料化してもユーザは無料のところに流れるだけです。また、違法コピー／ダウンロードを抑圧しない限り、〝無料〟の変革がニュースを超えてコンテンツ全般に広がることでしょう。

更に言えば、グーグルの譲歩で〝コンテンツは完全に無料ではない〟というコンセンサスは形成されつつありますが、コンテンツを無償で複製して無料モデルで儲けているプラットフォーム企業の収益をコンテンツ側に適正に配分しなくて良いのか、という問題はまだ未解決です。

この問題についても、今後のニューズ・コーポレーションの動きが台風の目になると思われますが、フェアユース規定が還元しなくて良い根拠となっている結果、コンテンツ・レイヤーとプラットフォーム・レイヤーの〝フェア・シェア〟が実現されないようでは洒落《しゃれ》にもなりません。社会の調和という観点からは、是非何らかのクリエイティブな解が生み出されるようにしなければなりません。

ちなみに、グーグルは、ニュースをトピック毎に整理して提供する〝リビング・ストーリー〟というプロジェクトの実験を、ニューヨーク・タイムズやワシントン・ポストと組んで始めました。この新しいサービスは新聞社のサイトに埋め込まれるようですので、もしかしたらこの取り組みは、グーグルなりのコンテンツ・レイヤーに対する利益還元なのかもしれません。

いずれにしてもニューズ・コーポレーションは第一歩を踏み出し、グーグルもそれへの対応を始めましたが、その結果としてネットのパラダイムシフトが本当に起きるかどうかは、これからが勝負なのです。

ジャーナリズム維持に向けた政治の動き

米国では新聞社による自助努力の動きが盛んになる一方で、政治レベルでは、米国とヨーロッパの双方でジャーナリズムの維持に向けた対策が議論され、実施されています。ジャーナリズムを維持するためには新聞社の経営を支援する必要があるという問題意識から、様々な救済策の提案が行われ、連邦議会でも議論されているのです。

例えば米国では、新聞社の組織形態を株式会社から非営利法人（NPO）に変えられるようにして、税金の負担を軽減すべきではないかという議論があります。また、米国にはNPOなどによる草の根レベルでのジャーナリズムが盛んで、それに対して寄付を行う民間の基金がたくさんありますが、営利企業である新聞社もそうした寄付を受けられるようにすべきという議論もあります。

また、独禁法の新聞業界への適用を緩めるべきという議論もあります。既に1970年に、印刷や配達などの業務を同一区域内の複数の新聞社が共同で行うことが特例として認められていますが、ネット上のニュースを有料にすることや対価の設定についても、業界としての共同歩調を取れるようにすべきという主張です。

　これに対し、フランスでは、サルコジ政権が直接的な新聞救済策を講じています。２００９年から3年間で6億ユーロ（６９０億円）の補助金を新聞業界に供与することを決めました。加えて、政府補助で18歳の成人に好みの新聞１紙を１年間無料配達することとし、今後は政府の新聞広告を増やすことも決定しました。

　一方、ドイツでは、メルケル政権が新聞社を保護する方策の検討を始めました。まだ検討中であり詳細は明らかになっていませんが、著作権法を改正して新聞などの出版社にネット上での記事の利用の可否を許諾できる新たな権利を付与し、明示的な許諾と対価の支払いなしにはネット上での記事の複製や利用ができないようにすることで、ジャーナリズムを守ろうとしているようです。

　レストランが店内で音楽を流す場合に、音楽の権利者の許諾と対価の支払いが必要となるのですが、それと同じことをネット上の記事にも適用しようとしているのです。そのために、ネット上での記事の使用料の徴収や分配を行う組織（日本の音楽に関するＪＡＳＲＡＣと同じような組織）の新設も必要であるとの議論も行われているようです。

　ドイツ政府の取り組みは、ネット上でのプラットフォーム・レイヤーによる搾取を防ごうとしている点で、ニューズ・コーポレーションが目指している方向とかなり近いように思われます。

もちろん、こうした構想に対してグーグルは反発しており、ニューズ・コーポレーションに対する場合と同様に、検索結果に表示されるために無償で複製されるのがイヤならば拒否できると主張しています。しかし、ドイツの検索サービス市場ではグーグルは80％のシェアを占めています。ネット上の情報流通でそれだけの独占的地位を持つ者が「イヤなら出て行け」と言うのは、フェアではないように思えます。

文化の反乱

このように、ジャーナリズムを維持するという観点からの取り組みは欧米で盛んに行われているのに対し、文化を守るという観点からの取り組みは、正直まだそこまで盛んではありません。

米国では民間による自力救済が基本で、これまでレコード会社などが違法ダウンロードをした個人ユーザを頻繁に訴えてきました。裁判で勝った場合などは、賠償金の額は個人が払える金額ではなかったので、そうした事実が報道されるだけで、多少は違法ダウンロードに対する抑止力として働いたのではないかと言われています。

これに対し、フランスのサルコジ政権はよりドラスティックな方策を採りました。フランスでも、米国や日本と同様に違法ダウンロードは音楽を筆頭とするコンテンツ産業に深刻な影響を及ぼしているのですが、それへの対策として、〝スリーストライク法〟という法律を制定したのです。

この法律は、繰り返し違法ダウンロードしたユーザのネット接続を切断するためのものであり、当局が違法ダウンロードしたユーザに警告を送り、3度の警告でそのユーザのネット接続を1年間停止させる、というものです。2009年6月に国民議会で一度可決されましたが、基本的人権を侵害するので無効と憲法院で否決され、内容を修正して10月に成立しました。

これはかなり強烈な措置です。ネットも流通経路に過ぎないという意味ではリアルの世界のCDショップと同じであり、CDショップで万引きしたら捕まることを考えると当然とも言えるのですが、それでもネットの常識からは強烈です。

しかし、過去5年程度でほぼすべての国で違法ダウンロードが常態化し、コンテンツ産業に大きな打撃を与えて文化の衰退の危険性を増大させてきたのに対して、どこの国も効果的な政策対応を採ってこなかったことを考えると、この法律は政策面での大きな革新と言えるのではないでしょうか。

その証拠に、英国やイタリアなどでも同様の法案の策定が検討されています。また、台湾は既に同様の法案を制定し、韓国はアップロードについて同様の法案を制定しました。

グーグル・ブック検索への反発

その他、文化の維持という観点からのネットに対する反乱という意味では、既に説明したグーグル・ブック検索への権利者や諸外国の対応もそれに含まれます。

欧州の出版業界団体のみならず、フランス、ドイツ、スイス、スペインなどの欧州諸国の政府が和解案の内容に反対というスタンスを明確にしました。その背景としては、出版業界団体などの陳情もあったとは思うのですが、政府の意思として、自国の文化の産物である書籍がグーグルという米国のネット企業に勝手にデジタル化されて商売に使われることへの反発があったことは間違いありません。実際に、例えばEU政府は、欧州内での書籍のデジタル化プロジェクトの推進を支持しています。

また、フランスでは2009年12月に裁判所が、訴えていた出版社の同意を得ずにグーグルが同社の書籍を電子化したのは著作権侵害であり、電子化の差し止めと損害賠償金の支払いを命じる判決を出しました。

それと前後して、フランスのサルコジ大統領は演説の中で「デジタル時代のフランス文化の保護に官民で全力を挙げる。外国に渡すことはあり得ない」と明言しています。

このように、フランスがその筆頭格ですが、特に自国の文化を守ろうという意思の強い欧州においては、グーグル・ブック検索に対して明示的な拒否反応が起きているのです。

その結果が対象を英語圏に限定するという和解案の修正になったと言えます。もちろん、最終的な決着はまだですが、これこそまさにネットのプラットフォーム・レイヤーに対する文化の反乱と言えるのではないでしょうか。

第5章 日本は大丈夫か

第1節 プラットフォームを巡る競争の激化

キンドルの衝撃

これまで説明したように、ネットのプラットフォーム・レイヤーの強大化は、世界の様々な国でジャーナリズムと文化の衰退を引き起こしています。

それは、情報／コンテンツのビジネスでは流通独占を獲得したプレイヤーがもっとも大きな収益を得ることができる中で、ネットが新聞やCDなどのリアルの流通経路との争いに勝利したからに他なりません。一方で、情報／コンテンツの新たな流通独占の中核であるネットのプラットフォーム・レイヤー上では、流通の覇権を巡る競争が凄まじいまでに激化しています。

そこで、プラットフォーム・レイヤー上での競争の激化について、ここで簡単にまとめておきます。

ところで、私は本書でプラットフォーム・レイヤーと、そこをビジネスの主戦場とする米国ネット企業をさんざん悪者扱いしてきましたが、その一方で、もっとも競争の激しいプラットフォーム・レイヤーで生き残るための米国ネット企業の進化のダイナミックさには、心から敬服しています。

実際、そのビジネス展開のダイナミックさは凄いの一言です。プラットフォーム・レイヤーでの世界制覇に向けた横方向への展開に加え、まずコンテンツ・レイヤー、次いでインフラ・レイヤーに浸食するという縦方向への展開をしてきました。

そして、2009年からプラットフォーム・レイヤーの新たな展開が本格化しました。それは、プラットフォーム・レイヤーと端末レイヤーの融合です。

アマゾンの電子ブック・リーダー「キンドル」を使ってみて、私は衝撃を受けました。プラットフォームとしての完成度の高さのみならず、端末としての出来の良さも秀逸です。プラットフォーム・レイヤーと端末レイヤーの双方で競争力を備えているのです。

つまり、キンドルを通じてアマゾンは、プラットフォーム・レイヤーと端末レイヤーの融合を実現したのです。もしかしたら、コンテンツの場合と同様に〝搾取〟と言う方がふさわしいくらいの条件で端末メーカーと契約しているのかもしれません。しかし、端末はアジアでかなり安く作れることを考えると、端末レイヤーの取り込みは〝融合〟という方が適切でしょう。

おそらくアマゾンの戦略は、プラットフォーム・レイヤーにはグーグルやSNSなどの強力な競争相手がひしめいており、そのレイヤー単独で競争しても勝ち目がないので、プラットフォームに端末を融合させることで、新たなプラットフォーム、ユーザにとっての新たなバリューを構築しようとしたのではないでしょうか。

そもそも、アップルのiPhoneや任天堂のWiiなどのゲーム機も、キンドルと同じようにプラットフォームと端末を融合させています。この融合自体は、数年前からトレンドとして存在していたのです。しかし、キンドルはそれらよりも更に進化していると言えます。

キンドルで新聞を定期購読すると、新聞のデータを毎日ダウンロードする際のパケット代をまったく気にする必要がありません。定期購読料に通信料が含まれており、今や情報が流れる土管に過ぎないインフラ・レイヤーをユーザから見えなくしているのです。インフラ・レイヤーを完全に取り込んでしまったという意味では、正確には、キンドルはプラットフォーム＋インフラ＋端末という縦の三つのレイヤーを融合させた新しいプラットフォームの姿を提示したと言えます（図3）。プラットフォームの進化ここに極まれり、という感じです。

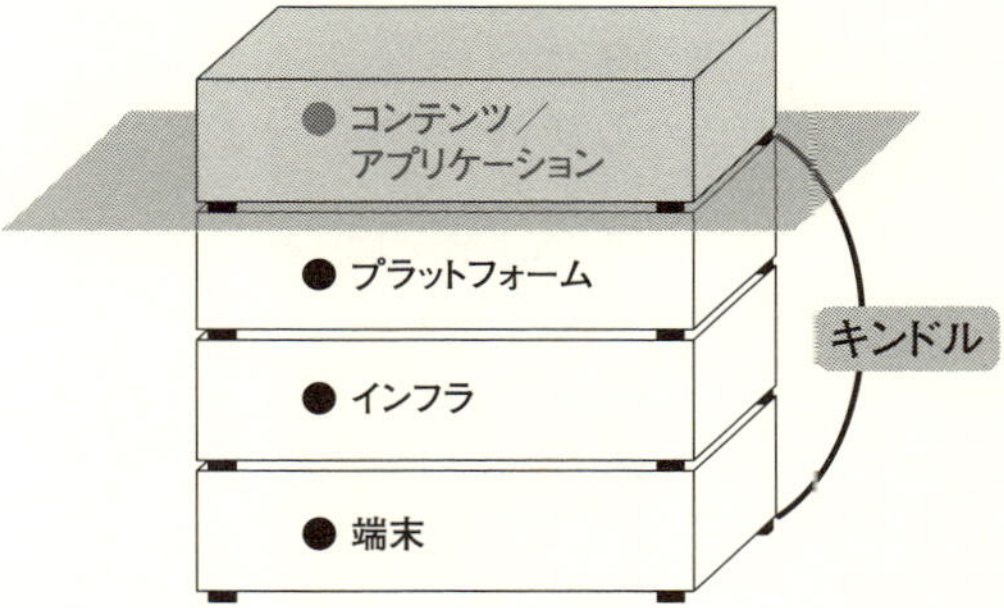

図3　キンドルの新しいプラットフォーム

キンドルが示す教訓

そう考えると、キンドルは大事な教訓を示しています。プラットフォーム・レイヤーはネット上でもっとも儲かる市場だけれど、同時にもっとも競争が厳しいので、そこでグーグルなどの既存のプレイヤーと競争して競争優位を築くには、他のレイヤーを取り込んでプラットフォームの価値を高める、つまり垂直統合のビジネスモデルを目指すべきである、ということです。

既に述べたように、ネットの初期に言われた“content is king”は幻想でした。“search is king”“platform is king”が実態だったのですが、キンドルは、プラットフォーム・レイヤーが他のレイヤーと融合して更に進化できること、そして、そこまでしてでも流通独占を獲得することが魅力的であることを示したのです。

それはキンドルと新聞社の契約条件からも明らかです。米国での報道によると、ユーザがキンドルに払う新聞の定期購読料の70％がアマゾンに入るそうです。ネット上でも流通を押さえるのがもっとも儲かるのです。

逆に言えば、新聞社はどんなにコストをかけて良い紙面を作っても、定期購読料の30％しか収入にならないのです。これが、プラットフォームにコンテンツが対峙したときの現実です。定期購読料の30％で新聞社がジャーナリズムを維持するのは至難の業です。

プラットフォームと端末の融合の進展

そして、アマゾン以外のネット企業の雄も、プラットフォームと端末の融合に向けた動きを加速させています。

グーグルは、携帯用の自社ＯＳ（アンドロイド）を搭載した携帯端末を米国で発売しました。グーグルの様々なプラットフォーム・サービスと携帯という端末を融合させたのです。

これは、ネット広告で世界を制覇したグーグルが、携帯電話向けのネット広告市場という新たな成長市場も制覇するための布石を打ったことに他なりません。携帯端末発売とほぼ同時期に米国最大の携帯広告会社を買収していることからも、それは明らかではないでしょうか。グーグルは、今年中にヨーロッパやアジアの一部でも同じ端末を発売するようです。

携帯電話からのネット利用が世界的に急増しています。例えば、携帯端末からのネット検索の割合は、米国市場でも世界市場でも2009年段階ではパソコンなどを含む検索全体の1％程度なのですが、今年の末までにその数字は倍増すると言われています。また、世界での携帯端末の売上は、2009年7～9月で0・1％しか増えていないのですが、ネット接続やメールの機能を重視したスマートフォンの売上は12・8％も増大しているのです。

一方で、iPhoneで既にプラットフォームと端末の融合を行ったアップルも、今年（2010年）春にiTabletという新たなプロダクトを発売するようです。いわゆるタブレット型パソコン、携帯とパソコンの間のような製品と言われていますが、プラットフォームと端末の融合の更に進化した方向性を示してくれるか、非常に楽しみです（ちなみに、私はMacの愛用者なのです)。

コンテンツからプラットフォームへの進出

一方で、これまでプラットフォーム・レイヤーに搾取され、収益の悪化に悩み続けてきたコンテンツ・レイヤーも、プラットフォームへの進出を強化し始めました。ネットの普及以前に享受していた流通独占をネット上で少しでも取り返そうとしているのです。

その代表が、既に説明しましたHuluという動画サイトです。2007年に米国のネットワーク局4局中の2局(NBCとFox)が共同で開設し、その後ABCも参加して、3局が最新のテレビ番組などを提供しています。コンテンツ・レイヤーに属するメジャーなテレビ局が団結してプラットフォーム・レイヤーに進出したのです。

そして、この取り組みは現在のところ成功しています。米国の動画サイトでユーザが視聴したビデオの数を見ると、ユーチューブが105億とダントツですが、Huluは8・6億と3位の2倍の規模にまでなっています(2009年10月時点:コムスコア)。今やユーチューブに次ぐアクセス数と人気を誇る動画サイトにまで成長したのです。その結果、Hulu上に掲載されるディスプレイ広告の単価も他のサイトに比べて高い水準になっているようです。

このＨｕｌｕの成功に触発されて、米国ではＨｕｌｕを真似た動きが活発化しています。活字メディアの分野では、米国最大出版社のタイム、コンデ・ナスト、ハースト、メレディスと新聞社のニューズ・コーポレーションという5社が共同で、雑誌や新聞をより魅力的な形でネット配信するための共通フォーマットの開発を行うことを、２００９年12月に発表しました。プロジェクトの名称はまだ決まっていませんが、〝デジタル・ニューススタンド〟〝雑誌版 iTune Store〟を作ろうとしていると言われています。

また、同月に音楽の分野では、米国の四大レコード会社のうち3社（ユニバーサル、ソニー、ＥＭＩ）が共同でミュージック・ビデオを提供する公式サイトであるＶｅｖｏが、ユーチューブの支援を受けてスタートしました。広告収入を狙ってネット上で無料でミュージック・ビデオを提供しています。

この三つの動きの共通点は、テレビ、雑誌・新聞、音楽という異なったコンテンツ業界で大手が共同で、ネット上でコンテンツ・レイヤーからプラットフォーム・レイヤーに進出したということです。

ネット上での情報やコンテンツの流通を担い、大規模なユーザ数を誇っているのはプラットフォーム・レイヤーのサービスです。従って、コンテンツ・レイヤーに留まっている限りはユーザ数の増大には限界があるので、広告モデルと課金モデルのいずれを取るにしても、収益を大きくは増やせないという現実を見据えた動きではないでしょうか。

実際、ＶｅｖｏのオープニングパーティでユニバーサルミュージックのＣＥＯが、「これで我々もプラットフォームを持った。これは我々のプラットフォームなんだ」と発言しています。この言葉がすべてを表しているのではないでしょうか。

同時に、コンテンツ・レイヤーからプラットフォーム・レイヤーへの進出とは、ある意味で、コンテンツ・レイヤーがリアルの世界で享受していた流通独占をネット上で取り返すために、自らプラットフォーム・レイヤーと融合しようとしているとも言えます。それだけネット上では、もっとも儲かるプラットフォーム・レイヤーでの競争が激化しているのです。

通信と放送の融合

ところで、〝融合〟と言うと〝通信と放送の融合〟という言葉が有名です。その〝融合〟と、ここで説明した〝融合〟との違いがよく分からない方もいらっしゃるかもしれませんので、念のため簡単に説明しておきます。

〝通信と放送の融合〟とは、現状で通信と放送に対する規制はまったく別の体系になっているけど、ネットの普及であまり意味がなくなったので、ネットのレイヤー構造に合わせて通信・放送の区別をなくした新しい規制体系にしようというものです。

即ち、あくまで規制体系の変更を目指したものです。かつ〝通信と放送の融合〟という概念自体がもう時代遅れです。実は、日本政府の公式な文書で〝通信と放送の融合〟を最初に強調したのは私です。私が内閣官房IT戦略室に在籍していた2001年に、当時のIT戦略本部の小委員会の報告書で打ち出したのですが、それからもう8年以上が経過し、今や世界では〝通信と放送の融合〟は当たり前になりました。

むしろ、実際のビジネスの最先端で進みつつあるのは、キンドルやコンテンツ・レイヤーの動きのようなネット上のレイヤー間の融合であり、通信と放送という二つの産業の融合よりも遥か先を行っているのです。

もちろん〝通信と放送の融合〟も重要であり、そのための制度改正も早く行うべきですが、現実のネット上では、プラットフォーム・レイヤーを中心にその先の新しい融合がどんどん進行していると理解していただければ、と思います。

第2節　ジャーナリズムと文化をどう守るか

基本は民間の自助努力

これまで説明してきたように、情報／コンテンツの流通の中心がアナログ時代の媒体からネットに移行し、そのネット上でプラットフォーム・レイヤーが流通を牛耳るようになったために、世界中でジャーナリズムと文化という社会にとって不可欠な価値観／インフラが衰退を始めています。

それでは、ネットが当たり前の社会においてジャーナリズムや文化を維持するには、一体どうすれば良いでしょうか。

ネットの普及によりマスメディアやコンテンツのビジネスを取り巻く環境が一変し、紙媒体中心という新聞のビジネスモデルや、CD中心という音楽のビジネスモデルなどは時代遅れとなりました。

それらのジャーナリズムや文化といった社会的な機能を提供する主体が苦しくなると、すぐに政府が補助金とか保護策で何とかすべきという主張が出がちですが、それは間違っていると思います。この二つの分野で政府の直接的な関与が大きくなっても、ロクなことがないからです。

例えば、ドイツでジャーナリズムの救済策としてフランスのような直接的な政府支出が議論さえされていないのは、ナチス時代の政府によるメディア操作という苦い経験を踏まえたものだそうです。

また、文化も競争と切磋琢磨を通じて進化を続けてこそ価値があるのであり、政府の関与や保護が強まれば強まる程、甘えと堕落が生じます。

だからこそ、まずはこの二つの社会的使命を担う民間の側が、ネットが当たり前という新しい環境にふさわしい形に自らのビジネスモデルを進化させ、自力で繁栄を維持できるようにしなくてはなりません。

逆に、ネットの普及によってビジネスの環境が一変したにも拘わらず、ビジネスモデル進化の努力を怠って非効率を温存するような企業は、社会的使命を担い続ける資格はないのであり、淘汰されて市場から退出すべきなのです。

民間の取り組み

もちろん、多くのマスメディアやコンテンツ産業の関係者がその必要性をよく分かっています。だからこそ、例えば米国の新聞や音楽産業では、様々な取り組みが始まっています。ネットのリアリティを踏まえて新たなビジネスモデルを確立するための試行錯誤が繰り返されているのです。

例えば、米国の新聞業界では、既に説明したように紙の発行を止めてウェブサイトのみでニュースを提供したり、都市よりもっと小さいローカルのレベル（コミュニティなど）がジャーナリズムと広告市場の双方の観点で重要という考えから、ニューヨーク・タイムズなどの大新聞もネットを活用した〝ハイパーローカル〟という取り組みを強化したりしています。

そして、ネットのリアリティを踏まえた新たな取り組みという点では音楽が一番進んでいます。新聞より早く第1次ネット・バブルの頃からネットの被害に直面している分、様々な取り組みが行われているのです。

その中でも世界で多くのレコード会社が取り組んでいるポピュラーなものとしては〝360度モデル〟というものがあります。レコード会社のビジネスはCDが中心でしたが、

CDの売上げが激減する中で、CD以外にもアーティストや音源を活用して展開できるあらゆるビジネス、例えば着メロや着うた、コンサート、マーチャンダイズ（Tシャツなどのアーティスト・グッズ）、ファンクラブなどにビジネスのウィングを広げました。

CDを発売しても、すぐにネット上で違法コピー／ダウンロードされてしまうので、デジタル／ネットに代替されない部分で収益をあげようとしているのです。例えば、ライブでの臨場感は、違法録音・録画した音源でもある程度味わえますが、その場にいることにはかないません。だから、例えば米国でのコンサートのチケットの値段はこの数年で高騰し、アーティスト・グッズの値段もすごく高くなっています。

私が２００９年に米国で有名アーティストのコンサートを観たところ、チケットの値段は以前同じアーティストを観たときの2倍くらいでした。また、グッズ売り場に行くと、翌月発売の新しいアルバムが10ドルで売っている横で、コンサート・Tシャツが35ドルで売られていました。Tシャツ１枚の値段が十数曲の新曲入りのCDの3倍以上です。これがデジタル／ネット時代のリアリティなのです。

その他、アーティスト単位でも、音楽のビジネスモデルの進化を模索した様々な取り組みが行われています。

例えば、英国のレディオヘッドというバンドは2007年に、新しいアルバムをまずネット上で発表し、しかも価格はダウンロードするユーザが自分で決めるという、お布施モデルともいうべき実験をしました。ユーザが払った価格は平均すると一人当たり6ドル程度と、通常のCDの価格（米国で15〜16ドル程度）よりは全然低かったようですが、ネット上でできるだけ多くの人に聞いてもらい、その後のコンサート・ツアーの入場料を高くして収益を得る狙いだったようです。

一方で、米国ではイーグルスなどの有名バンドが全米最大のスーパーストアであるウォールマートとパートナー契約をして、米国内ではウォールマートだけで新作のCDを販売し、コンサート・ツアーなどでは同社がスポンサー、というアプローチを取っています。

レディオヘッドは一般大衆の力を頼みにし、イーグルスは大スポンサーの力に頼るという、正反対のアプローチが行われているのです。その他にも、マドンナはレコード会社を離れコンサート・プロモーターと専属契約をしました。また、定額制で音楽聞き放題というサービスを提供するネット企業などにレコード会社は曲を提供するようになりました。

このように、音楽産業では、従来のビジネスモデルでは生き残れないという危機感が原動力となって、ネット以前は単一であった音楽のビジネスモデルに様々なバリエーションが出始めているのです。何が正解かはまだ分からないながら、とにかく走り出しているのが現状なのです。

産業構造論的観点からの本質的問題点

このように、多くのマスメディアやコンテンツ産業の企業が、ネットが当たり前となった新たな環境でも生き延びるべく、新たなビジネスモデルの確立に向けて様々な取り組みを始めています。

ところでネットは何か特別なもの、宇宙から隕石が飛んできたような衝撃であり、そうした天変地異に直面して旧来型の産業が生き延びるのは不可能ではないか、といった誤解を持つ方もいらっしゃるかもしれません。

しかし、ネットは所詮〝情報／コンテンツの新たな流通経路〟に過ぎません。既に述べたように、マスメディアやコンテンツ産業の収益悪化の本質的な原因は、それらの産業が獲得していたリアルの世界での〝情報／コンテンツの流通の独占〟と、独占により享受できていた超過利潤が失われたことにあります。流通独占とその結果得られる超過利潤の双方が、紙やCDといったアナログ時代の媒体からネットにシフトした結果に過ぎないのです。

一方で、ネットのインフラ・レイヤーは基本的には情報が流れる〝土管〟に過ぎませんから、ネットという流通経路上で情報／コンテンツの流通を仕切っているのは、プラットフォーム・レイヤーで検索やSNSといったサービスを提供するネット企業になります。

つまり、リアルの世界で情報／コンテンツの流通を担ってきた新聞やレコード会社などから、ネットという新たな流通経路で市場シェアを獲得したグーグルなどのプラットフォーム企業に、情報／コンテンツの流通の独占性と超過利潤がシフトしたという構図なのです。流通経路間の競争でネットが勝ち、そこで市場シェアを獲得したプラットフォーム企業が情報／コンテンツの流通独占がもたらす超過利潤も獲得した、という構造です。

このように説明すると、ネットという特別なものが出現したからマスメディアやコンテンツ産業が大変なことになっている、と考えるのは間違いであることがご理解いただけると思います。第2章では問題意識を喚起するために敢えて〝マスメディアやコンテンツ企業にとってネットは儲からない〟と書きましたが、正確に言えば〝流通独占を喪失したネット上で儲けるのは難しい〟ということになります。ネットは特別でも何でもなく、新しい流通経路に過ぎないのです。

そして問題は、マスメディアやコンテンツ産業とプラットフォーム企業とではビジネスの構造がまったく違うことが、ジャーナリズムと文化の衰退をもたらしているということです。

新聞や音楽の例からも明らかなように、マスメディアやコンテンツ産業の基本的なビジネスモデルは、情報／コンテンツの制作から流通に至るまでを自社で行う垂直統合モデルでした。リアルの世界の流通経路ではコンテンツ／プラットフォーム／インフラという三つのレイヤーを自社でほぼすべてカバーしていたのです。

その結果、流通独占から得られる超過利潤を、新聞記者の高い給料や情報収集のコスト、アーティストが求める膨大な制作費などに還元することで、ジャーナリズムや文化を維持するという役割を担ってきました。

ところが、新たに情報／コンテンツの流通独占と超過利潤を獲得したグーグルなどのネット企業は、プラットフォーム・レイヤーのみを活動領域とするビジネスモデルであり、基本的にはコンテンツ・レイヤーに超過利潤を還元する必要はありません。超過利潤を流通のレイヤーだけで貯め込めるからこそ、グーグルの高収益に代表されるように、プラットフォーム・レイヤーで市場シェアを獲得したネット企業は膨大な利益を享受できているのです。

もちろん、ビジネス取引を通じてある程度の利潤がコンテンツ・レイヤーに移転されていますが、価格決定においては独占性を持つ流通側の方が強いことを考えると、マスメディアやコンテンツ産業が垂直統合のビジネスモデルの下でコンテンツ側に還元していた額と比較すると格段に少なくなっています。

つまり、流通独占による超過利潤がコンテンツ・レイヤーに回らなくなったことが、ジャーナリズムや文化の衰退の最大の原因と考えることができます。

特に、米国ネット企業は本音では、日本や欧州のジャーナリズムとか文化などには何の関心もないはずです。従って、米国ネット企業が世界のネット上のプラットフォーム・レイヤーを席巻するというのは、米国以外にとっては非常に問題であると言わざるを得ません。

そして、このようにジャーナリズムと文化の衰退の本質的原因が、流通独占と超過利潤がネットのプラットフォーム企業にシフトし、超過利潤がコンテンツ・レイヤーに回らなくなったことにあるならば、ジャーナリズムや文化の担い手であるマスメディアやコンテンツ産業が取り得る方向性は、基本的に二つしかありません。

一つは、ネットを含む情報/コンテンツのあらゆる流通経路の中で新たな流通独占を作り出し、失った超過利潤を少しでも取り戻すという道です。

米国のテレビ局が共同で開設したＨｕｌｕがその好例です。今やＨｕｌｕは米国でユーチューブに次ぐ人気の動画サイトになりました。その結果、Ｈｕｌｕのサイト上での広告単価もかなり上昇しています。ネット上でコンテンツ・レイヤーのテレビ局がプラットフォーム・レイヤーに進出して、新たな流通の独占を獲得しつつあるのです。

もう一つは、流通独占を取り戻すのは諦め、流通はプラットフォーム・レイヤーのネット企業に依存するという決断をした上で、ネット企業との間での適正な収益の配分を追求するという道です。

ニューズ・コーポレーションがグーグルの検索結果への新聞記事の提供を止め、対価を支払う用意のあるマイクロソフトのビングに記事を提供しようとしているのが、これに該当するのではないでしょうか。

マスメディアやコンテンツ企業は、基本的にはこの二つの道のどちらかかまたは両方、更にはそれに加えて本業とシナジーのある異なった分野への進出などを目指して、ビジネスモデルを進化させるしかないのではないでしょうか。

無料は技術革新の結果か？

もう一つ、同様に世間でよく誤解されている点があるので、それについてもここで説明しておきたいと思います。既に何度も説明したように、無料モデルの普及や違法ダウンロードの氾濫などにより、ネット上では情報／コンテンツは無料という認識が当たり前となり、それがジャーナリズムや文化の衰退に大きく影響しています。

しかし、この〝無料〟はネットという〝宇宙からの隕石〟が引き起こしたことなのでしょうか。そうではないと思います。

技術革新によってネットが生まれました。ネットという参入障壁がない安価な流通経路が生まれたのは、間違いなく技術革新のお陰です。しかし、〝無料〟は技術革新やネットがもたらしたものではないのではありません。ネット上での無料モデルの定着や違法ダウンロードなどの行為の結果としてネット上に定着したに過ぎないのです。ネットが情報／コンテンツを無料にしたとロジカルに説明するのは不可能なはずです。

私は知り合いの米国人の有名な技術者から面白い話を聞いたことがあります。皆さんがネット上のウェブサイトを渡り歩くとき、必ずリンクをクリックしていると思いますが、そうした複数のコンテンツを相互に連結する仕組みはハイパーテキストと言います。

彼曰く、ハイパーテキストは1960年代初頭に米国の社会学者テッド・ネルソンが発明したのですが、そのときのネルソンの目標は、リンクによってコンテンツへのマイクロペイメント（少額の金銭の支払い）を可能にすることだったそうです。ネルソンのビジョンは、良いコンテンツを制作した人がちゃんと報われるようにしたいということだったそうなのです。

しかし、そうした初期段階の理想は実現されず、今やネット上はそれと真逆の〝無料〟の世界になってしまいました。そう考えると、前章でも紹介したルパート・マードックの「ネットがニュースを無料にしたのではない」という趣旨の発言は、まさに的を射た正しい指摘ではないでしょうか。

制度もプラットフォームの一人勝ちを後押し

いずれにしても、垂直統合モデルのマスメディアやコンテンツ企業から、プラットフォーム・レイヤーのみを活動領域とするネット企業に流通独占と超過利潤がシフトして、コンテンツ・レイヤーに超過利潤が還元されなくなったことがジャーナリズムと文化の衰退の本質的な原因です。

そして、世界の多くの国で政府が作った制度や法律が、ネット上での競争条件をプラットフォーム・レイヤーのネット企業に有利にすることで、結果的にそれを後押ししてきたのです。

その典型が米国ではないでしょうか。繰り返しになりますが、フェアユース規定のお陰で、プラットフォーム・レイヤーが超過利潤をコンテンツ・レイヤーに配分するどころか、検索結果に新聞記事を載せるために必要な複製の対価も何も支払わないでいい、書籍のデジタル化も著作権者の許諾なしに進められる、といったことが可能となったのです。

1998年のデジタルミレニアム著作権法には、ネット上で著作権侵害行為（著作権者の許諾なしに著作物をアップロードするなど）があった場合でも、当該コンテンツを削除すればプロバイダは免責される、という規定が盛り込まれました。そのお陰でユーチューブは凄まじい数の違法コンテンツが投稿されているのに繁栄を維持しています。

また、コンテンツ・レイヤーと直接には関係しませんが、1996年の通信品位法の〝サービス・プロバイダ免責条項〟によって、プロバイダは、自らのサイトに書き込まれた内容が名誉毀損であることを承知していた場合でも、それに関する責任を免除されることになりました。

もちろん、これらの法律にはコンテンツ・レイヤーの著作権保護を強化する規定も色々と盛り込まれてはいるのですが、少なくともここで例示した三つの規定は、プラットフォーム・レイヤーのネット企業の事業展開を強く後押ししてきたと言えます。

米国のこうした状況は、程度の差こそあれほぼすべての先進国に該当します。過去10年くらいにわたり、ネット・バブルでネット関連のビジネスが成長産業と位置づけられる中、世界中で、経済成長のためにはコンテンツ企業よりもプラットフォーム企業の方が重要であり、政府としてもその成長を後押しすべきと考えられてきた感があるように思えます。

つまり、無意識のうちにとは言え、政府が作る制度もジャーナリズムや文化の衰退に加担してきた面があるのです。

政府のやるべきこと

それでは、政府は何をすべきでしょうか。

ジャーナリズムや文化の維持のためには、その担い手であるマスメディアやコンテンツ産業がビジネスモデルを進化させ、自力で繁栄を続けられるようにする必要があります。

しかし、その実現は、コンテンツ・レイヤーとプラットフォーム・レイヤーの間での競争条件が公平・公正になっていないとなかなか困難です。

そして、市場の競争条件は政府が作る制度や法律によって規定されます。そう考えると、政府がまずやるべきことは、レイヤー間での競争が公平・公正に行われるような市場環境の整備です。

フェアユース規定を筆頭にプラットフォーム・レイヤーの側が競争上有利となる市場を作り出している多くの先進国の制度は、考え直すべき時期に来ているのではないでしょうか。その意味で、前章で述べたドイツ政府の取り組みなどは、かなり的を射た対応であると言えます。

こう言うと、ネット擁護の人たちは「著作権を守る規定は既にたくさんあるのだから十分公平になっている」と言うかもしれません。しかし、そもそも著作権は守られて当たり前なのです。問題は、コンテンツ・レイヤーとプラットフォーム・レイヤーの間のビジネス競争が公平に行われる環境になっているかどうかではないでしょうか。

かつ、違法ダウンロードなどのネット上での違法行為に制度がどう対応するかも重要な論点になります。フランスのスリーストライク法のような厳しい対応が必要かどうかはともかく、違法行為がまかり通っている市場は正常な市場になり得ません。

これだけネットが普及したのにリアルとネットの常識が違い過ぎるのも問題ですが、ネット上での制度の整備の遅れがそれを助長している面もあります。公平・公正な競争条件を整備する観点からは、この点についての制度的な対応も不可欠です。

そうした対応なしに、マスメディアやコンテンツ企業が苦しくなったからと言って保護や補助金で対応するだけでは、ジャーナリズムと文化は堕落するだけです。それらを維持するためには、まずは必要な制度整備を行い、コンテンツ・レイヤーの企業がビジネスモデルの進化に積極的に取り組める環境整備を進める必要があるのです。

第3節 日本はどうすべきか

政府の過ち

ネットは様々な面で社会や経済に貢献してきた反面、日本でもジャーナリズムと文化の衰退、米国によるプラットフォーム・レイヤー支配という問題を引き起こしています。

これらは、特に今の日本にとっては由々しき問題ではないでしょうか。既に述べたように、人口減少、少子高齢化、グローバル化という三つの困難に直面し、これまで唯一の取り柄であった経済力が衰えつつある日本にとって、ソフトパワーの強化が不可欠だからです。それにも拘わらず、米国ネット企業の植民地化とも言える状況が進みつつあるのです。ソフトパワーを強化しないといけない状況なのに、ジャーナリズムや文化が衰退し、ネットのプラットフォーム・レイヤーを米国に支配されるというのは、決して好ましい状況ではありません。

ちなみに、本書では米国ネット企業を悪者扱いしてきましたが、実はそれらの企業が行っていることは、収益最大化を目指す企業の行動としては非常に正しいものです。フェアユース規定にしても、それが制度として存在する以上、それを自己の収益のために最大限活用するのは、企業として当然のことです。企業という部分解のレベルでは最適化されているのです。

でも、それは部分解ですので、ジャーナリズムや文化をどう維持するかといった他の部分解をすべて含めた、社会のレベルでの全体解をどうするかも考えなければなりません。それが政府の仕事です。

だからこそ、例えばフランスやドイツでは、政府がネット関連の制度の変更に乗り出しているのですが、その際、欧州の価値観は米国と異なるのであり、文化や伝統などで比較的優位にあるのだから、ネット上でもその源泉となるコンテンツ・レイヤーを重視する、という価値判断があるはずです。それが政府として当たり前の行動です。

それと比較すると、日本政府のネットとの向き合い方は残念ながら間違っていると言わざるを得ません。この数年、政府は、目指すべき国益や政策目的に関する議論や意思決定もない中で、ネット上でのコンテンツ流通ばかりを促進しようとしてきたからです。

ネット法と日本版フェアユース規定

今も政府は、間違った制度の導入を検討しています。その一つは〝ネット法〟の制定です。これは、ネット上でのコンテンツの流通を増大させようという考えの下、ネット権（ネット上のコンテンツ流通に関する権利）を創設し、それを映画製作者や放送事業者などの流通を担う者に付与しようというものです。

もう一つは、〝日本版フェアユース規定〟です。これは、既に説明した米国のフェアユース規定の日本版を作ろうという動きです。

この二つの制度は、もともとネット・ベンチャー寄りの弁護士や学者によって提案されたものです。しかし、米国ではフェアユース規定などのネット偏重の制度がジャーナリズムや文化の衰退をもたらしたことを踏まえると、政府として導入を検討すること自体慎重であるべきはずです。

それなのに、民間の提案に軽々に乗ってしまうのはどうかと思います。歴史や伝統と豊富な文化を持つ日本の社会や風土は、米国よりも欧州に近いはずです。それなのに、ネットへの政府の向き合い方として欧州よりも米国を真似るというのは、明らかに間違っているのではないでしょうか。

私的録音録画補償金

日本の政府はもう一つ、間違った対応をしています。私的録音録画補償金制度（以下「補償金」と略します）を巡る経産省&家電メーカーと文化庁&著作権者の泥仕合です。

補償金とは、デジタル録音／録画がオリジナルと同じ品質の複製を容易にし、権利者であるアーティストなどの所得機会を減少させるので、逸失所得を補塡すべく機器や媒体の価格の一定割合を権利者に還元する制度です。

家電メーカーとそれを所管する経済産業省は、２０１１年に地上波放送がデジタル化される段階で補償金を廃止したいと考えています。一方で、権利者や文化庁の側は維持すべ

き と考えています。両者の間で激しい対立が続き、ついに録画補償金の徴収団体（SARVH）が家電メーカーを訴える事態にまで発展しました。

この問題の本質は、コンテンツが搾取され続け、文化が衰退する状況を放置していいのかという点にあります。補償金は、端末レイヤーからコンテンツ・レイヤーへの利益の移転です。デジタルの恩恵を端末レイヤーが受ける一方で、デジタルコピーの増大による収入減少というデジタルの被害をコンテンツ・レイヤーが被っているので、それを是正しようというものだからです。

経産省は家電業界を所管しているからやむを得ない面とは言え、社会全体を考えずに所管業界の利害だけを考えるというのは、いかにも部分解の追求と言わざるを得ません。本来政府は、日本の国益の観点から政策を考えるべきなのに、プラットフォーム・レイヤーや端末レイヤーばかりが政策で重視されるというのは、日本の将来にとって致命的ではないでしょうか。

日本はどうすべきか

さて、それでは日本はどうすべきでしょうか。残念ながら、私は今の日本にはチャンスよりもピンチの方が多いのではないかと思っています。

ピンチの代表は、政府の間違った政策対応です。既に述べたように、ネット関連で政府が講じようとしている政策は、見当違いも甚だしいと言わざるを得ません。２００９年の歴史的な政権交代を境に政策全般が大きく変更されつつありますが、ネット関連についても大きな政策変更が必要なのではないでしょうか。

第二のピンチは、日本ではすべての産業の大企業に該当する話ではあるのですが、特にマスメディアやコンテンツ関連の有名企業の間に、ネットの普及という不可逆的な環境変化が起きているにも拘わらず、自らのビジネスモデルを大胆に進化させようという動きが遅いことです。

ジャーナリズムや文化、これらを市民という素人の力のみで維持、再生するのは困難です。だからこそ、これまでジャーナリズムや文化の担い手として頑張ってきたマスメディアやコンテンツ企業の再興・再生が不可欠なのですが、米国と比べて対応が遅いことは気がかりと言わざるを得ません。

第三のピンチは、その延長で、マスメディアやコンテンツ企業のコンテンツ制作の現場がかなり疲弊してきているということです。収益が年々悪化する中で現場もどんどんコストカットされていることが大きく影響しているのです。

２０１０年の正月のテレビ番組はつまらないものばかりでした。元旦の新聞の記事も同様でした。私の教え子も家族も異口同音にそう言っていました。制作の現場の疲弊の結果でしょうが、それこそがジャーナリズムと文化の衰退を如実に物語っています。

一方でチャンスも存在します。その代表は、携帯ネットの利用では日本が世界最先端を走っているということですが、それ以外にもチャンスとなり得る点が二つあります。

一つは、逆説的になりますが地方がどんどん疲弊していることです。これまで地方の活性化というと、すぐに政府は公共事業とか工場誘致に走りましたが、もうそれらの陳腐な政策ではダメなことは明らかです。

ところが、地方には環境や食も含めれば、素晴らしい文化がたくさん存在します。かつ、近い将来に都道府県制に代わる道州制の導入も視野に、国から地方に権限や財源がどんどん移譲される方向ですので、必然的に地方でのジャーナリズムの重要性も高まります。つまり、これからの地方活性化に当たっては、文化やジャーナリズムが果たせる役割は多いはずなのです。

即ち、地方がにっちもさっちも行かなくなることで、逆にそれが原動力となって文化やジャーナリズムの再生に向けた新しい方程式ができる可能性があるのではないかと思います。実際、私は、ローカル・メディアの方が全国メディアよりも再生しやすいし、そこでのキーワードは文化とジャーナリズムであると確信しています。

もう一つは、日本の若者です。よく日本の若者は覇気がない、ダメだと言われますが、私はそんなことはないと思っています。やる気に満ちた優秀な若者はたくさんいますし、方向性をちゃんと示してあげればすごく頑張ります。そうした若者が大企業に入らずに起業している例も増えつつあります。

期待を込めて言えば、そうした若者がネットやジャーナリズム／文化といった分野で頑張ってくれれば、日本は米国ネット企業の植民地のような状態から脱することは十分できるはずだし、ジャーナリズムや文化も維持できるのではと思っています。

そのためにも、ネットに限定せず、日本社会全体が大企業中心主義、年功序列といった過去の慣習から早く脱却する必要があるのです。

このような状況に置かれている日本において、やはり一番責任が重いのは政府です。ネット時代にジャーナリズムや文化を維持・発展させられる成功の方程式はまだ誰にも分かりませんが、少なくともその実現に向けてまず必要なのは、レイヤー間の取引関係の適正化、違法ダウンロードの抑制などの環境整備であり、政府が取り組まなければならない仕事です。

それ抜きに民間の側だけでビジネスモデルを進化させるのは困難ですので、政府には自らの重い責任を強く自覚してもらいたいと思います。

もちろん、民間の側、特にジャーナリズムや文化という社会的な機能を担う立場にあるマスメディアやコンテンツ企業の責任も大きいです。

正直、日本のマスメディアやコンテンツ企業は、米国と比較するとビジネスモデルの進化に向けた取り組みが遅いし、大胆さにも欠けると思います。経営の観点からだけなら、過去の蓄えを取り崩したりコストカットで凌いで問題解決を先延ばしするのもありでしょうが、ジャーナリズムや文化を担う立場としては、そうした対応はいかがなものでしょうか。

様々なコンテンツが氾濫する中では、プロが作るニュースやコンテンツは良くて当たり前、それに加えてコンテンツの出口戦略というビジネス戦略の重要性が高くなっています。そうした現実を踏まえ、手遅れになる前に大胆なアクションを起こすべきではないでしょうか。

米国では、ウェブ2・0で確立されたネットの秩序を破壊しようとしているニューズ・コーポレーションのルパート・マードックのことを〝ネット時代の新たなエヴァンジェリスト（福音伝道者）〟だ、と言う声もあがっています。

マスメディアやコンテンツ企業の再生なくしてジャーナリズムや文化の維持は困難ですので、日本でもプラットフォームではなくてコンテンツ・レイヤーでエヴァンジェリストと呼ばれる人や企業が現れてくれることを切に期待したいです。

そして、本書の最後に是非訴えたいことは、ユーザの皆さんの責任も重いということです。

今の日本では、極端に言えば、政府のレベルが低いからマスメディアの報道のレベルも低くなっているように思えます。日本社会全体について該当するのですが、特にネット関連の政策と報道についてもその要素が強いように思えます。それを是正できるのは国民、ユーザの力しかありません。

もちろん、みんながみんな国益を考えろと言う気はありません。ただ、日々ネット上でニュースやコンテンツを入手しているはずですので、その際に、社会全体を視野に入れることを意識するようにしていただければと思います。

ネットは本当に便利です。私もネットのヘビーユーザです。グーグルをはじめとする米国ネット企業の無料サービスのお陰で日々の仕事ができていますので、すごく感謝しています。

でも、やはりネットは道具に過ぎず、それは目的ではありません。かつ、情報やコンテンツは無料ではありません。〝タダほど高いものはない〟、〝フリーランチは存在しない〟と言われますが、ネット上でも同じです。ニュースやコンテンツにはコストがかかります。最終的には誰かがそのコストを負担しないといけないのです。最終的にはユーザ自身が、ジャーナリズムや文化の衰退という形で中長期的に大きな対価を負担させられることになるかもしれません。

その意味で、ネットが当たり前の社会におけるジャーナリズムや文化の維持というテーマは、環境問題と同じです。環境問題はブームになっていることもあり、多くの方が日々意識していると思います。それと同じ思いを、ジャーナリズムや文化という問題についても持っていただければ、と思います。それだけで日本はすごく良くなるはずです。

あとがき

おそらく本書の内容には、多くのネット関係者が反発・批判するだろうなあと思いつつ、やっとの思いで書き終えました。

改めて、なぜ本書で説明したような主張が世の中には少ないのかを考えてみたのですが、この分野の学者や評論家、行政のそれぞれに偏りがあるのが原因ではないかと思います。

マスメディアの専門家の議論はジャーナリズム論がメインであり、コンテンツの専門家の多くも、文化論的な議論が中心になっています。つまり、マスメディアやコンテンツの専門家の議論は情報／コンテンツの中身に関するものばかりであり、ビジネスの観点やネットに関する最新の知識が欠如していますので、ネットとの関わり、マスメディアやコンテンツ産業の再生といった点では完全に無力です。

一方でネットの専門家は、ネット上での新しいサービスやビジネスについて議論するのがメインで、ネットと社会の様々な主体との共生のようなテーマはあまり議論されていません。

かつ、行政の側も、縦割り行政の弊害でネット上のレイヤー毎の部分解ばかりを追求してしまっています。

つまり、ネットが当たり前の社会でのジャーナリズムや文化、国益といった公共財的なもののあり方を考える専門家が少なく、この部分が完全にエアポケットになってしまっているのが原因ではないかと思います。

私は個人的に、ネットが当たり前となった今の社会で必要なのは、第一にジャーナリズムや文化が維持される体制を確立することであり、そのためにはまずマスメディアやコンテンツ産業を再生させなくてはならないと、ほとんど思い込みのように確信しています。

その具体的な内容は専門的になるので本書では書きませんでしたが、特にローカルメディアの再生は可能だし、全国メディアよりも簡単であると信じています。既に沖縄県の琉球放送と、総務省の応援もいただいてビジネスモデルの進化の実験を始めていますが、そこで早く成果を出したいと思っています。

第二に必要なのは、プラットフォーム・レイヤーで国産ベンチャーがもっと成功して海外にどんどんビジネス展開することです。この点については、縁があるところは極力応援させていただいていますが、もっと頑張っていただいて、「日本はベンチャー不作」というイメージを打破してほしいと思っています。

いずれにしても、本書がきっかけとなって、ネットと国益の関わりに一人でも多くの人に関心を持っていただければ、これほど嬉しいことはありません。

それにしても、本書の執筆は私にとって厳しい試練でした。20年も官僚をやってしまうと、物事を簡潔に箇条書きで数枚の紙にまとめることはすごく上手になるのですが、逆にちゃんとした文章である程度の量を書くというのは非常に苦手になります。考えは頭の中にあるけど筆は進まず、という日々を繰り返していました。

加えて、私が小泉政権時代に竹中平蔵大臣（当時）の政務秘書官をやっていたこともあって、民主党政権が誕生した2009年秋以降は、テレビで官僚批判などの政治評論家もどきの仕事をすることが増えたため、この本の締め切りのタイミングでは、久しぶりに切羽詰まった日々を送ることになりました。

それでも、自分が役所を辞めて以降3年にわたり一人で地道に蓄積してきた問題意識や内容をこうして曲がりなりにもまとめられたのは、そもそも出版というチャンスを与えてくださり、かつ忍耐強く私の遅筆に堪えてくださった幻冬舎の木原いづみさんと斎数賢一郎さんのご尽力があったからこそです。この場を借りて、お二人には心からの感謝の気持ちを伝えさせていただきたいと思います。

この3年でネットやメディアの世界は本当に変わりました。残念ながら、関連する企業の動きもさることながら、ネット絡みでの社会の問題意識という点でも日本は世界に大きく遅れてしまいました。最新のネット・サービスは米国からどんどん入ってくるけれど、それを使う側と社会の進化がすごく遅れてしまっています。

2010年からは今まで以上にネットやメディア／コンテンツの世界は激動すると思います。私は引き続き最新の動きをフォローして、様々な場で問題提起をしていきますが、本書をお読みくださった皆様も、ネットを使う片手間に少しでも関心を持ち続けてニュースなどを読んで考えてくだされば、と思います。

最後に、本書をお読みいただき、本当にありがとうございました。

著者略歴

岸博幸《きしひろゆき》

一九六二年東京都生まれ。一橋大学経済学部卒。
一九八六年、通商産業省（現・経済産業省）入省後、
コロンビア大学経営大学院にてMBAを取得。
二〇〇一年、竹中平蔵大臣（当時）補佐官、
〇四年以降は政務秘書官に就任。同大臣の側近として、
構造改革の立案・実行に携わる。
九八～〇〇年に坂本龍一氏らとともに設立した
メディアアーティスト協会（MAA）の事務局長を兼職。
〇六年経産省を退官。
現在、慶應義塾大学大学院メディアデザイン研究科教授、
エイベックス・グループ・ホールディングス取締役、
総務省ITC政策タスクフォース委員などを兼任。

幻冬舎新書 156

ネット帝国主義と日本の敗北

搾取されるカネと文化

二〇一〇年一月三十日　第一刷発行
二〇一〇年九月二十日　第四刷発行

著者　岸　博幸
発行人　見城　徹
編集人　志儀保博
発行所　株式会社幻冬舎
〒一五一-〇〇五一　東京都渋谷区千駄ヶ谷四-九-七
電話　〇三-五四一一-六二一一(編集)
　　　〇三-五四一一-六二二二(営業)
振替　〇〇一二〇-八-七六七六四三
ブックデザイン　鈴木成一デザイン室
印刷・製本所　中央精版印刷株式会社

Printed in Japan　ISBN978-4-344-98157-7 C0295
き-1-1
幻冬舎ホームページアドレス http://www.gentosha.co.jp/
*この本に関するご意見・ご感想をメールでお寄せいただく場合は、comment@gentosha.co.jpまで。

幻冬舎新書

手嶋龍一　佐藤優
インテリジェンス　武器なき戦争

経済大国日本は、インテリジェンス大国たる素質を秘めている。日本版NSC・国家安全保障会議の設立より、まず人材育成を目指せ…等、情報大国ニッポンの誕生に向けたインテリジェンス案内書。

出井伸之
日本進化論
二〇二〇年に向けて

大量生産型の産業資本主義から情報ネットワーク金融資本主義へ大転換期のいまこそ、日本が再び跳躍する好機といえる。元ソニー最高顧問が日本再生に向けて指南する21世紀型「国家」経営論。

サイトウ・アキヒロ
ゲームニクスとは何か
日本発、世界基準のものづくり法則

なぜ、世界中で、多くの人がテレビゲームにハマるのか……。日本のゲームが人を夢中にさせる仕組みを、初めて体系化。意外にも、iPod、グーグル、ミクシィの成功理由もここにあった！

坪井信行
100億円はゴミ同然
アナリスト、トレーダーの24時間

巨額マネーを秒単位で動かし、市場を操るトレーディングの世界。そこで働く勝負師だけが知る、未来予測と情報戦に勝つ術とは？　複雑な投資業界の構造と、異常な感覚で生き抜くプロ集団の実態。

幻冬舎新書

鈴木謙介＋電通消費者研究センター
わたしたち消費
カーニヴァル化する社会の巨大ビジネス

ラブandベリー、『赤い糸』、初音ミク……これらは一般的知名度は低いが、一部の間で大流行しているゲームやケータイ小説などである。「内輪の盛り上がり」が生む大量消費を、気鋭の社会学者が分析。

門倉貴史
イスラム金融入門
世界マネーの新潮流

イスラム金融とはイスラム教の教えを守り「利子」の取引をしない金融の仕組みのこと。米国型グローバル資本主義の対抗軸としても注目され、急成長を遂げる新しい金融の仕組みと最新事情を解説。

上杉隆
ジャーナリズム崩壊

日本の新聞・テレビの記者たちが世界中で笑われている。その象徴が「記者クラブ」だ。メモを互いに見せ合い同じ記事を書く「メモ合わせ」等、呆れた実態を明らかにする、亡国のメディア論。

東谷暁
世界と日本経済30のデタラメ

「日本はもっと構造改革を進めるべき」「不況対策に公共投資は効かない」「増税は必要ない」等、メディアで罷り通るデタラメを緻密なデータ分析で徹底論破。真実を知ることなくして日本の再生はない！

幻冬舎新書

渡辺将人
オバマのアメリカ
大統領選挙と超大国のゆくえ

なぜオバマだったのか。弱冠47歳ハワイ生まれのアフリカ系が、ベテランを押さえて大統領になった。選挙にこそ、アメリカの〈今〉が現れる。気鋭の若手研究者が浮き彫りにする超大国の内実。

津田倫男
M&A世界最終戦争
日本企業の生き残り戦略

仕掛けなければ必ずやられる「日本vs世界」の仁義なき戦い。金融危機後、世界のM&Aは正常に戻り、そして訪れた急激な円高。この十五年間をしのいだ日本企業に今、千載一遇のチャンスが。

夏野剛
グーグルに依存し、アマゾンを真似るバカ企業

ほとんどの日本企業は、グーグルに依存しアマゾンに憧れるばかりで、ネットの本当の価値をわかっていない。iモード成功の立役者が、日本のネットビジネスが儲からない本当の理由を明かす。

宮台真司　福山哲郎
民主主義が一度もなかった国・日本

２００９年８月30日の政権交代は革命だった！　長年政治を研究してきた気鋭の社会学者とマニフェスト起草に深く関わった民主党の頭脳が、革命の中身と正体について徹底討議する!!